美国经典技能系列丛书

图解铣工/数控铣工

Precision Machining Technology

[美] 皮特·霍夫曼（Peter Hoffman）
[美] 埃里克·霍普韦尔（Eric Hopewell）著
[美] 布瑞恩·简斯（Brian Janes）
毕付伦 译

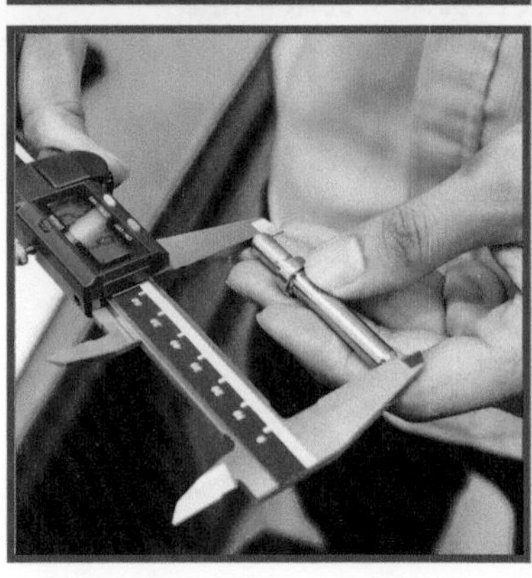
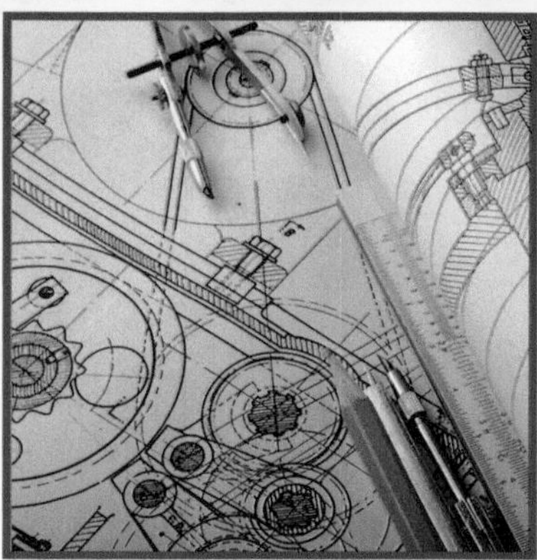

本书采用通俗易懂的语言，介绍了铣工所需掌握的基本知识和技能。本书主要内容包括：立式铣床介绍，立式铣床的刀具和夹具，立式铣床操作，分度和回转工作台操作，数控铣削介绍，数控铣削编程，数控铣削设置与操作，计算机辅助设计和计算机辅助制造。

本书可供广大铣工和数控铣工使用，也可供职业院校和技工学校相关专业师生参考。

ISBN 978-7-111-61612-2

Cengage Learning Asia Pte. Ltd.

151 Lorong Chuan, #02-08 New Tech Park, Singapore 556741

图书在版编目（CIP）数据

图解铣工 / 数控铣工快速入门 /（美）皮特·霍夫曼（Peter Hoffman），（美）埃里克·霍普韦尔（Eric Hopewell），（美）布瑞恩·简斯（Brian Janes）著；毕付伦译．—北京：机械工业出版社，2018.10（2022.4 重印）

（美国经典技能系列丛书）

书名原文：Precision Machining Technology,2e

ISBN 978-7-111-61612-2

Ⅰ．①图…　Ⅱ．①皮…　②埃…　③布…　④毕…　Ⅲ．①数控机床－铣床－图解　Ⅳ．① TG547-64

中国版本图书馆 CIP 数据核字（2018）第 289548 号

机械工业出版社（北京市百万庄大街 22 号　邮政编码 100037）
策划编辑：赵磊磊　　责任编辑：赵磊磊
责任校对：陈　越　　封面设计：张　静
责任印制：张　博
涿州市般润文化传播有限公司印刷
2022 年 4 月第 1 版第 2 次印刷
184mm × 260mm ・9.75 印张・254 千字
3 001—4 000 册
标准书号：ISBN 978-7-111-61612-2
定价：59.80 元

凡购本书，如有缺页、倒页、脱页，由本社发行部调换

电话服务　　网络服务
服务咨询热线：010-88361066　机 工 官 网：www.cmpbook.com
读者购书热线：010-68326294　机 工 官 博：weibo.com/cmp1952
金 书 网：www.golden-book.com
封面无防伪标均为盗版　教育服务网：www.cmpedu.com

出版说明

为了吸收发达国家职业技能培训在教学内容和方式上的成功经验，我们于 2007 年引进翻译了“日本经典技能系列丛书”。该套丛书通俗易懂，通过大量照片、线条图介绍了日本的技术工人培训时需要掌握的基本方法和技巧，出版之后深受广大读者的喜爱。为了更好地满足读者学习国外机械加工经验和技能的需求，我们从美国引进了圣智学习出版公司出版的“美国经典技能系列丛书”。为了使内容更有针对性，我们将其改造为四本书，分别是《机械加工常识》《图解钳工快速入门》《图解车工 / 数控车工快速入门》和《图解铣工 / 数控铣工快速入门》。本套丛书是美国技术工人培训和学生入门学习的经典用书，并且已经再版。本套丛书主要用于帮助读者对初级和中级机械加工技术进行深入了解，从而引导读者在快速发展变化的工业环境中获得职业上的成功。本套丛书的主要特色如下：

- 阐述精密机械加工领域真正需要学习和掌握的知识。
- 培养学生进入人才市场后所需的人际交往能力。
- 涵盖本领域最新的职业信息和职业发展趋势。
- 培养工厂实践能力。
- 包含了详细的说明和例子，用图表的方式一步一步地向读者展示相关工具、设备等的使用方法。
- 用深入浅出的方式、通俗易懂的语言，深入地介绍需要掌握的基本技能。
- 包含最新的数控方面的内容。

为了更好地向读者呈现原版图书中的内容，我们邀请了国内企业的技术专家和职业院校的教师共同组成翻译团队，在翻译的过程中力求保持原版图书的精华和风格。翻译图书的版式基本与原版图书保持一致，并将涉及美国技术标准的部分，有些按照我国的标准要求进行了适当改造，或者按照我国现行标准、术语进行了注释，以方便读者阅读、使用。原版图书采用英制单位，为了保持原版图书的特色，同时便于读者更好地理解原版图书中的内容，翻译后的图书仍然采用英制单位。

在本套丛书的引进和出版过程中，得到了贾恒旦和杨茂发的大力支持和帮助，在此深表感谢。

序

自进入 21 世纪以来，精密机械加工技术已经日趋成熟，本套丛书的主要目的是通过对精密加工技术的深入阐述，使读者对基础和中级机械加工技术进行深入了解，从而引导读者在快速发展变化的工业环境中获得职业上的成功。

本套丛书写给从事于精密机械加工及相关行业，并渴望获得美国金属加工技术协会（NIMS）认证证书的相关专业的学生和技术工人。书中内容由浅入深，可供机械专业知识零基础的各类人群学习参考。

本套丛书受到了美国金属加工技术协会的赞助和大力支持，覆盖了美国金属加工技术协会认证考试（Ⅰ级加工技术水平）中所需的一切内容，紧密贴合职业技能标准。

本套丛书在编写之初，召集了大量从事 NIMS 鉴定考核的教师参与初期目录的制订，并从中完成了作者团队的招募。在编写过程中，约请了 12 名以上的教师对书稿进行了审核，同时将有用的审核结果反馈给作者，这种方式对于提高本书的质量具有非常重要的作用。

为了提高使用效果，作者在以下前提下展开全书：

1. 假定读者没有任何机械加工相关知识和基础，以一种易读的写作风格，帮助读者掌握精密机械加工中级水平所需知识。

2. 通过大量的图片进行解释和说明，从而让读者对所学知识和技术有一个直观的认识。

3. 假定读者已经学会了基础物理、基础代数，并熟练掌握分数、小数的计算方法以及计算次序的知识。

为照顾部分没有机械加工相关知识的读者，本书的编写特别关注了各章节内容之间的逻辑性。作者通过各种措施保证了每一个术语在第一次出现时都被详细地进行了解释和说明，每一个专题都能够得到更深入的挖掘和阐述，同时当前期知识出现在后续章节的其他新应用中时，读者对前期知识的理解也会随之加深。

本套丛书由 Peter Hoffman、Eric Hopewell 和 Brian Janes 编写。作者简介如下：

Peter Hoffman（皮特・霍夫曼），于宾夕法尼亚技术学院获得副学士学位，通过了多项Ⅰ级和Ⅱ级 NIMS 认证，并且在大专级别的精密加工技术比赛中，获得了 2001 年美国国家技术金牌，2000 年美国国家技术银牌。他拥有并经营着一家小型机械加工工厂。

Eric Hopewell（埃里克・霍普韦尔），拥有 25 年的机械加工和教育领域的综合经验，于宾夕法尼亚技术学院获得副学士学位，于奥尔布赖特学院获得企业管理学士学位，于天普大学获得硕士学位，并获得宾夕法尼亚州职业教育永久资格证书。他也通过了多项 NIMS 机械加工认证。

Brian Janes（布瑞恩·简斯），他的机械加工职业生涯已经超过了 20 年。他具有在印第安纳州和肯塔基州的多个注塑模具公司进行机械加工工作的经验。他获得了工程技术专业硕士学位以及肯塔基技术教育项目年度奖励。

目　　录

第1章 立式铣床介绍

1.1 概述

传统的铣床或手动的铣床主要是通过工件向旋转刀具进给来去除材料，以用于平面加工或带角度面的加工。对于相同类型的孔加工操作，铣床加工时的工件定位比钻床更精确，因此应用广泛。通过对这些操作进行组合，可以把零部件加工成无数需要的形状。图 1-1 所示为在铣床上加工的一些零件样品。

图 1-1 在铣床上加工的一些零件样品

立式主轴铣床（通常称为升降铣床或只是铣床）广泛用于各种加工领域。立式铣床的运动经常用笛卡儿坐标系表示，分别表示为 X 轴、Y 轴和 Z 轴，如图 1-2 所示。

图 1-3 所示为一种典型立式铣床的主要零部件。当阅读有关立式铣床部件的资

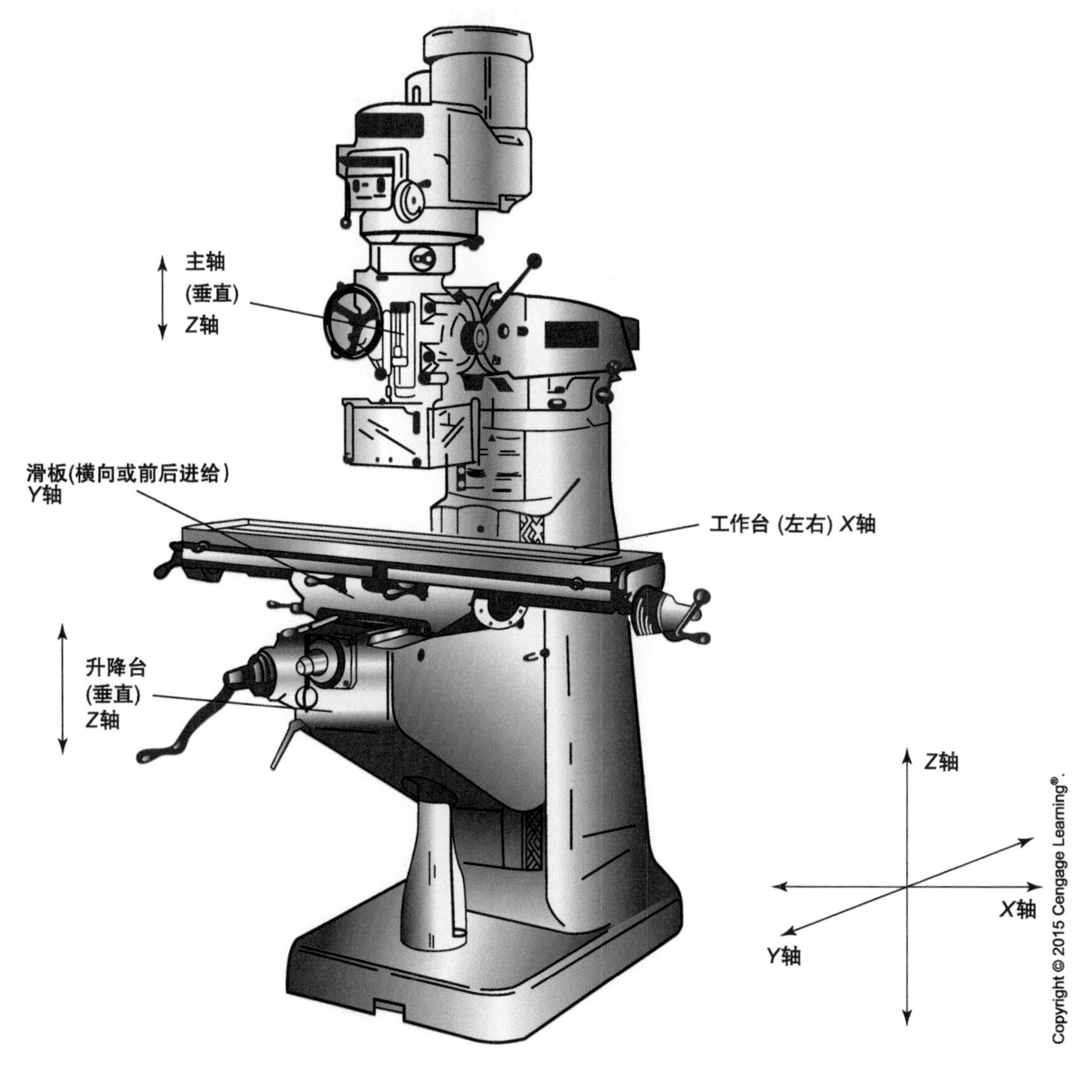

图 1-2 立式铣床的 X 轴、Y 轴和 Z 轴运动

料时请参考此图。本章将解释立式铣床的零部件及其功能。这是安全操作立式铣床、完成铣削操作的第一步。

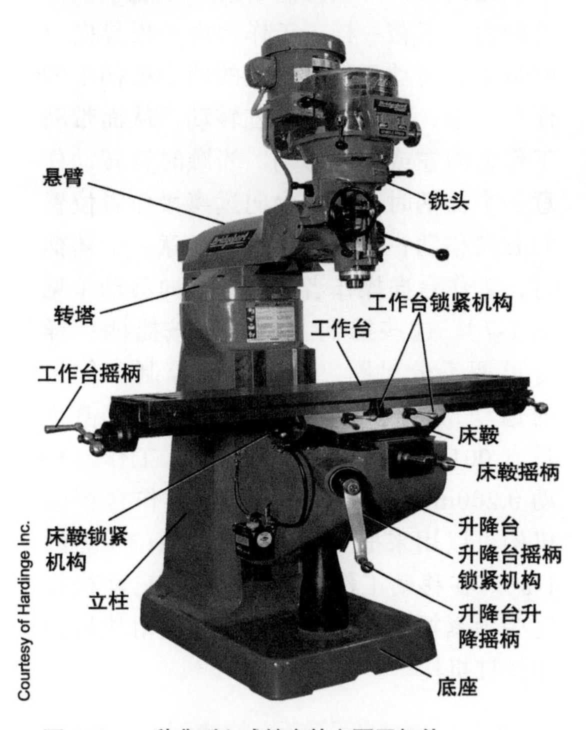

图 1-3　一种典型立式铣床的主要零部件

1.2　底座和立柱

立式铣床的底座和立柱是一个整体铸铁件，为铣床提供了重而坚实的基础。大多数现代立式铣床的底座和立柱都是铸造而成的。这一工艺使铸铁底座具有非常均衡的成分和很高的耐磨性。转塔和悬臂安装在立柱的顶部。升降台安装在一个在立柱前方的垂直导向的燕尾槽里。

1.3　升降台

升降台是很重的铸件，在它的后面有燕尾槽，用于连接升降台和立柱，从而允许升降台根据需要升高或降低。升降台也是由安装在其内部的一根重载升降丝杠支撑和带动的。升降丝杠通过一组齿轮机构和升降摇柄连接在一起，所以当转动升降摇柄时，升降丝杠就随之转动，升降台就会升高或降低。当顺时针旋转升降摇柄时，升降台升高；与之相应，当逆时针旋转升降摇柄时，升降台降低。

升降摇柄上有一个可调千分尺圈（见图 1-4），由此可以准确控制升降台运动的量。可以松开锁紧圈，把千分尺圈转到“0”参考位置，这时把锁紧圈再次拧紧，升降台可以移动需要的量。

图 1-4　升降台升降摇柄的可调千分尺圈

在大多数的铣床中，可调千分尺圈的刻度值为 0.001in，升降摇柄旋转一周，升降台移动 0.100in。立式铣床的升降台提供沿笛卡儿坐标系里的 Z 轴方向的运动。

当升降台移动到位以后，用锁紧机构把升降摇柄锁紧在适当的位置。还有两个另外的锁紧机构可用来把升降台更牢固地锁紧在立柱上（见图 1-5）。在升高或降低升降台前，应首先确认所有的这些锁紧机构是否都松开了，以免损坏升降摇柄机构和燕尾槽滑块机构。

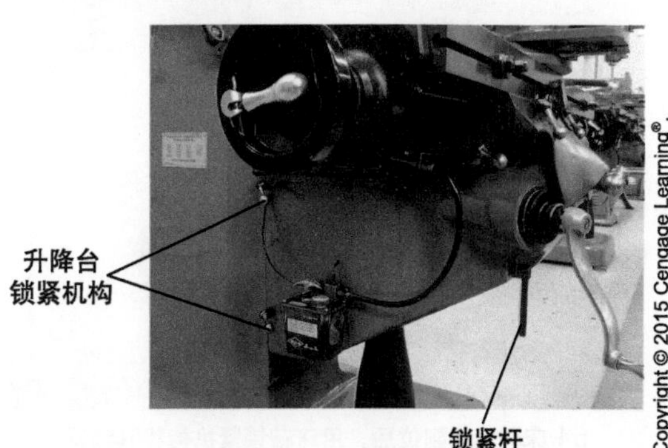

图 1-5　升降台的锁紧

1.3.1　床鞍

床鞍安装在升降台顶部的另一个机加工燕尾槽上，可沿 Y 轴做靠近和远离立柱的运动。原理是：螺母连在称为导向丝杠的重载丝杠上。这根导向丝杠的转动靠升降台前面的床鞍摇柄实现。当顺时针转动床鞍摇柄时，床鞍朝着立柱方向运动；当逆时针转动床鞍摇柄时，床鞍远离立柱方向运动。这个床鞍摇柄也有一个可调千分尺圈，所以床鞍的运动量也是可以准确控制的。在大多数立式铣床中，每个千分尺圈的刻度值是 0.001in，床鞍摇柄旋转一周，床鞍移动量是 0.200in。在床鞍到位以后，床鞍锁紧机构可以用来确保床鞍在原位，以避免不想要的移动（见图 1-6）。请确保在移动床鞍前松开锁紧机构，以免损坏燕尾槽滑块机构和导向丝杠机构。

a）通过床鞍摇柄可使床鞍向前或向后移动

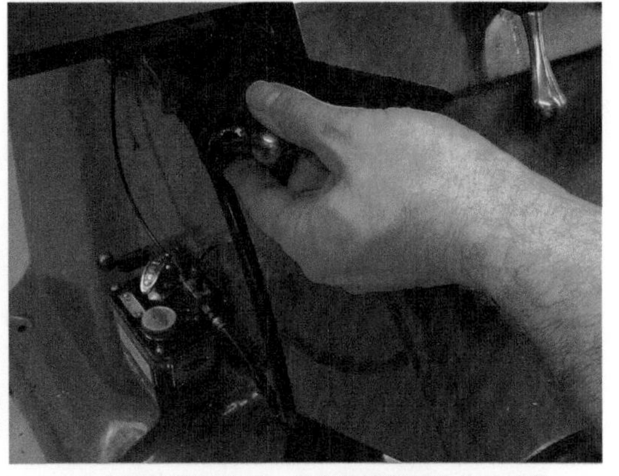

b）床鞍移动到位后，用床鞍锁紧机构将其锁紧

图 1-6　床鞍的移动和锁紧

1.3.2　工作台

工作台安装在床鞍顶部的另一个机加工燕尾槽上，可从左向右沿 X 轴运动。和升降台、床鞍一样，工作台由一根导向丝杠带动。转动工作台两端的两个摇柄中的任意一个，带动导向丝杠转动，从而带动工作台向左或向右移动。当顺时针转动任意一个摇柄时，工作台向远离操作者位置的方向移动；当逆时针转动任意一个摇柄时，工作台向操作者位置的方向移动（见图 1-7）。这些摇柄上也和床鞍摇柄一样有可调千分尺圈，用来准确控制工作台的运动量。正常来说，它们的刻度值也是有 001in，每转动摇柄一圈，工作台移动 0.200in。两个床鞍前面的工作台锁紧机构可以用来把工作台锁紧在原位（见图 1-8）。在移动工作台之前请确认已经松开这些锁紧机构，以免损坏燕尾槽滑块机构和丝杠机构。

图 1-7　通过工作台摇柄可以左右移动工作台

工作台提供了一个参考平面，用于定位要进行机加工操作的工件。在工作台上有机加工的 T 形槽，可以用来容纳固定工件或工件夹紧装置的夹紧设备，保护工作台表面免受损伤。当安装重的工件夹紧装置，如铣床虎钳时，要将其轻轻地放在工作台上。不要把切削刀具、锤子、锉刀、扳手或其他表面粗糙的工具放在工作台表面上。在进行机加工的时候，经常用一

些保护装置如塑料托盘或木板来支承工具和零件。这样做可保护工作台表面不被划伤、凿伤和损坏（见图 1-9）。

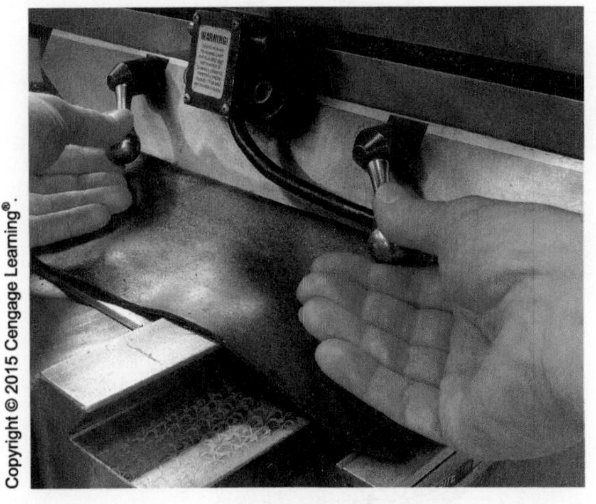

图 1-8　工作台上的锁紧机构可保护工作台，避免不想要的位移

图 1-9　用塑料托盘可以保护铣床工作台表面不被粗糙工具和零件损坏

1.4　转塔

立柱的顶部是一个机加工平面，转塔就安装在这个平面上，允许整个铣床铣头旋转 360°。转塔上的分度尺以度（°）为单位分度，并有一个“0”参考标记，用来将铣头定位在立柱中心。松开锁紧螺栓，推动铣头就能使转塔旋转。当转动到位时，再拧紧锁紧螺栓（见图 1-10）。

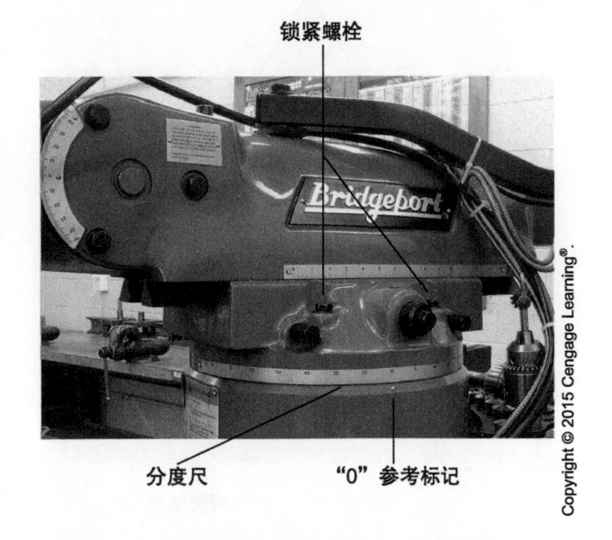

图 1-10　立式铣床的转塔能旋转。注意分度尺和锁紧螺栓

注　意

在开始任何机加工操作前，经常先确认转塔的锁紧螺栓都已经紧固。

转塔一定不可以在机加工过程中移动。因为旋转的铣削刀具产生的力可以引起松动的转塔移动并将工件从铣床推出，这会破坏铣削刀具，并引发严重的人身伤害事故。

1.5　悬臂

悬臂允许整个铣头向前和向后移动，并可以实现锁紧定位。这种移动可增强铣床的加工能力。悬臂的底部有燕尾块，安装在转塔顶部与之相匹配的燕尾槽里。这种燕尾机构可确保铣头准确地沿直线向后和向前移动。悬臂也有齿条齿轮结构。转动悬臂调整杠杆或螺母，可以向前或向后移动悬臂。移动悬臂时，先松开锁紧螺栓，再转动调整螺母，当移动到位后，重新拧紧锁紧螺栓（见图 1-11）。

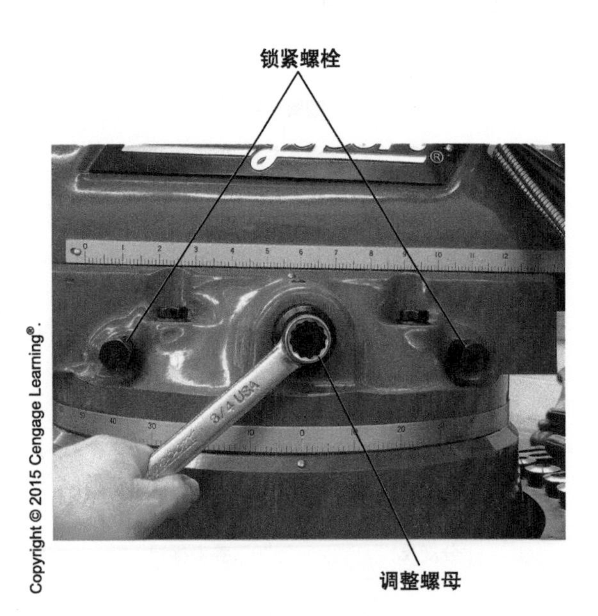

图 1-11　悬臂调整螺母和锁紧螺栓

注　意

和转塔一样，在任何机加工操作之前，请先确认悬臂的锁紧螺栓都已经松开，否则会导致严重的伤害。在机加工操作过程中，悬臂绝对不能有任何移动，如机械滑动。

1.6　铣头

立式铣床的铣头包括刀具夹持和驱动结构。它的基本结构和零部件类似于钻床的头部，但比钻头功能多。图 1-12 所示为一台典型立式铣床的铣头零部件。

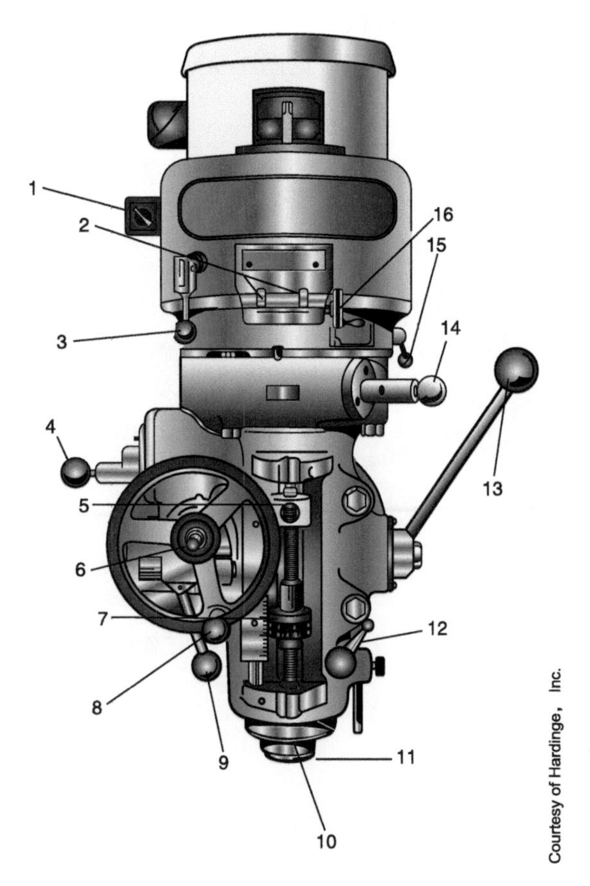

图 1-12　一台典型立式铣床的铣头零部件

1—高/低档转换开关　2—变速转盘　3—旋转主轴制动杆
4—主轴套筒进给选择手柄　5—主轴套筒停止控制块
6— 反向进给手柄　7—千分尺调整螺母
8—手动进给手轮　9—进给控制杆　10—主轴套筒
11—旋转主轴　12—主轴套筒锁紧手柄
13—主轴套筒进给手柄　14—自动进给传动手柄
15—高/低速调节手柄　16—速度变换手轮

1.6.1　旋转主轴

旋转主轴是一根经过精密磨削的轴，有一个孔穿过主轴中心，带螺纹的拉杆可以从铣头的顶部穿过主轴。这种螺纹结构可用于固定刀具夹紧装置，如钻头夹盘或夹套，对主轴起保护作用。拉杆的顶部为六边形，用于把拉杆用扳手拧进刀具夹紧装置中。

旋转主轴下端的内孔为锥孔，其作用是把刀具夹持装置准确定心在主轴内。大多数现代立式铣床的主轴锥孔都是标准 R8 锥度。主轴内部有一个小键，它既起到对齐刀具夹紧装置的作用，又起到辅助驱动刀具夹紧装置的作用。图 1-13 所示为旋转主轴的主要零部件。

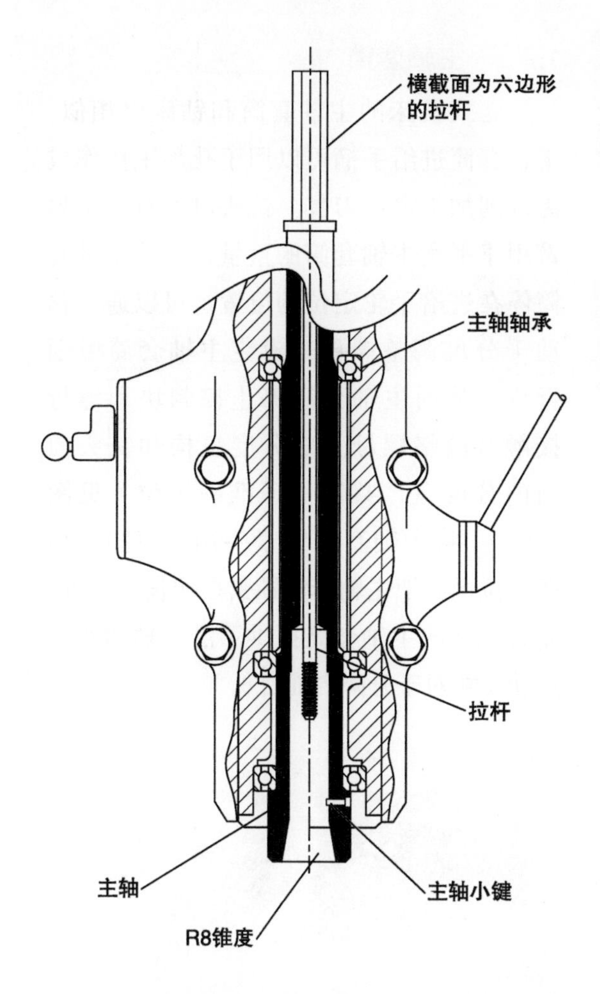

图 1-13　一台典型立式铣床旋转主轴的零部件。注意拉杆，这是紧固工具夹持装置的

1. 设定旋转主轴速度

旋转主轴由位于铣头顶部的电动机带动旋转。大多数立式铣床有高 / 低速调节手柄（见图 1-14），用于控制一条铣头内部的齿轮传动链。使用时，高 / 低速调节手柄应该置于期望的转速档。大多数立式铣床的速度等级是低速 60~500r/min，高速 500~4000r/min。请一定要记住这个手柄只有在主轴不转动的时候才能移动。在主轴运转时调整手柄会引起机器铣头动力系统的损伤。

许多老式的铣床配置的是阶梯式圆锥带轮系统。在这种类型的铣床上，旋转主轴转速是通过把传动带放在带轮的不同位置上来设定的。

图 1-14　立式铣床的高 / 低速调节手柄

注　意

当手动在铣床的阶梯式带轮上改变传动带的位置时，应先关闭立式铣床的主电源，绝对不要在旋转主轴转动的时候改变传动带位置。

现代铣床都配置了可变速带驱动。在这种铣床上设置旋转主轴转速时，首先选择需要的等级（高或低），并起动旋转主轴，再转动铣头前面的变速转盘，直到达到需要的转速（见图 1-15）。很重要的是请记住这个变速转盘只有在机器运转的时候才能拨动。

2. 旋转主轴制动

可以轻轻地向前或向后旋转旋转主轴制动杆，以快速使主轴停止转动。也可以将旋转主轴制动杆拉出来锁紧主轴，使其保持在原位。很重要的是，在起动旋转主轴前请一定先松开锁紧机构，以避免旋转主轴制动机构的过度磨损，图 1-16 所示为旋转主轴制动杆的使用。

注　意

当有紧急情况发生，要求旋转主轴立即停下来时，制动机构能保证优先切断主轴电源，这不会对制动机构和电动机造成额外的负担，但会产生额外的磨损。这种磨损比在发生紧急情况时旋转主轴不能停下来引起的后果更容易让人接受。

a）转动变速转盘来调整旋转主轴转速

b）转速显示在窗口中

图 1-15　立式铣床的变速控制

图 1-16　铣床旋转主轴制动杆的作用

1.6.2　主轴套筒

立式铣床的主轴套筒和钻床很相似，主轴套筒进给手柄可以用于孔加工操作或为铣削加工定位刀具。铣头里面有一个弹簧用于平衡主轴套筒的重量，以使主轴套筒停在进给手轮定位的位置。可以通过移动千分尺调整螺母来设定主轴套筒极限行程，从而主轴套筒停止控制块和螺母接触。调整螺母上的分度机构和铣头前面的分度盘，共同保证准确定位（见图 1-17）。将主轴套筒锁紧手柄按照图 1-18 所示拉低，把主轴套筒锁紧在伸长的位置。立式铣床的主轴套筒提供了沿 Z 轴的额外运动（相对于升降台而言）。

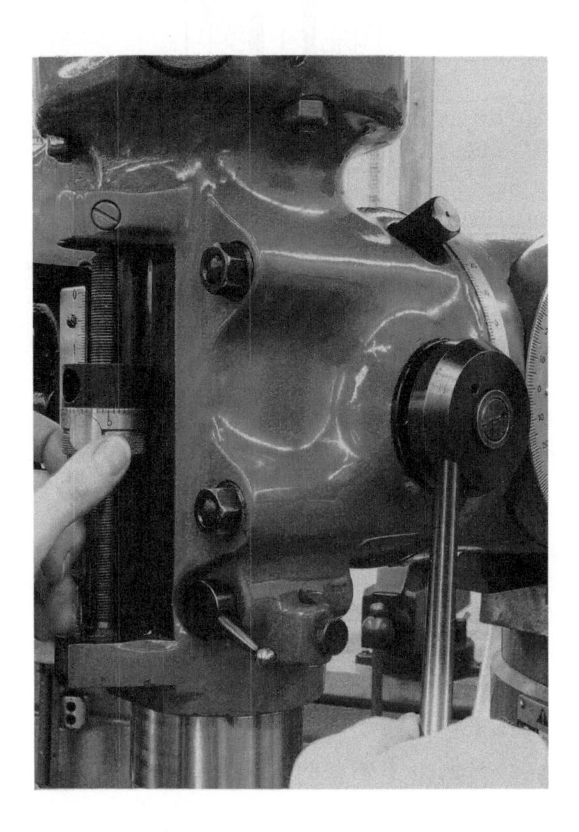
图 1-17　千分尺调整螺母可以用来设定主轴套筒的极限行程

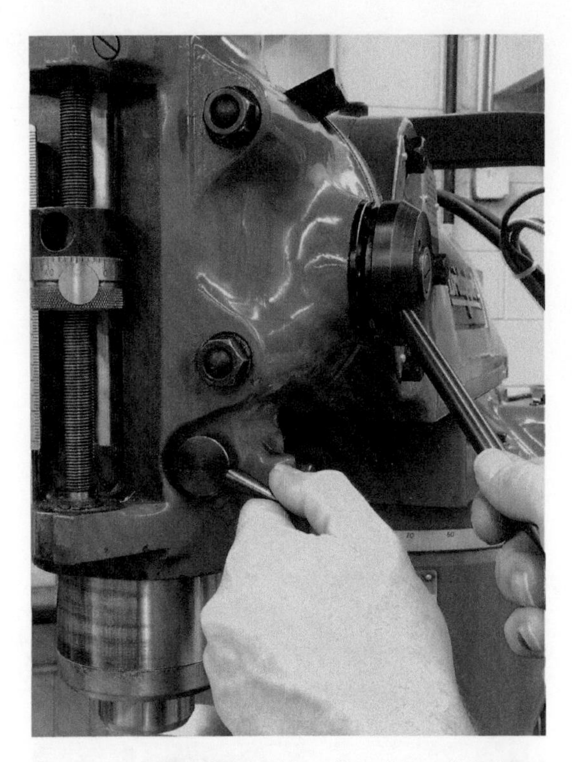

图 1-18　主轴套筒锁紧手柄可保证其处于伸长位置

1.6.3　自动主轴套筒进给

当进行孔加工操作时，可以设定主轴套筒在动力下自动进给。首先，一定要使用靠近铣头右上方的自动进给传动啮合手柄（见图 1-19），注意只有当旋转主轴不运转时才能使用或不使用这个手柄。大多数立式铣床提供 3 种主轴套筒进给速度。铣头左边的主轴套筒进给选择手柄可以用于定位选择 0.0015in/r、0.003in/r 或 0.006in/r（见图 1-20），这些数字表示旋转主轴每转一圈时主轴套筒的进给量。

图 1-21 所示为反向进给手柄，用于设定主轴套筒进给方向，即朝上运动还是朝下运动。一直往里推那个带凸边的小套筒，设定主轴套筒向下进给；一直往外拉那个带凸边的小套筒，设定主轴套筒向上进给。带凸边的小套筒处于中间位置时，这个手柄会随着旋转主轴的运转再次定位，所以慢速运转齿轮会啮合。

进给控制杆位于铣头的左侧，用来起动主轴套筒进给，在起动主轴套筒进给之前，旋转主轴必须处于起动状态，主轴套筒在进给控制杆被拉出离合器参与后开始进给（见图 1-22）。

a）

b）

图 1-19　自动进给传动啮合手柄参与到主轴套筒自动进给中

当主轴套筒向下自动进给时，千分尺调整螺母自动不起作用，当主轴套筒停止，控制块和千分尺调整螺母接触时，进给控制杆会自动不起作用并且主轴套筒进给停止；主轴套筒向上进给时，当主轴套筒停止，控制块将要和铣头铸件接触时，进给控制杆自动不起作用（见图1-23）。

图1-20 主轴套筒进给选择手柄用于设定进给速度，单位为in/r

图1-21 反向进给手柄用于设定主轴套筒的进给方向

图1-22 拉出进给控制杆后主轴套筒开始自动进给

图1-23 当主轴套筒停止控制块靠近千分尺调整螺母时，自动主轴套筒进给无效

1.6.4 铣头运动

驱动立式铣床的铣头旋转，可以加工带角度的平面或带角度的孔。从铣床的前方看，铣头可以沿顺时针或逆时针方向旋转360°。先把铣床前方的4个夹紧螺栓

松开，再旋转调整丝杠，使铣头旋转至需要的方向。借助于分度尺可以将铣头定位在需要的角度。然后把 4 个夹紧螺栓拧紧（见图 1-24）。

铣头也能向前和向后倾斜 45°。倾斜铣头前，先把铣头边上的 3 个夹紧螺栓松开，再转动调整丝杠，把铣头倾斜到需要的方向。借助于另一个分度尺可以把铣头定位在这个方向的需要的角度，然后把 3 个夹紧螺栓重新紧固（见图 1-25）。

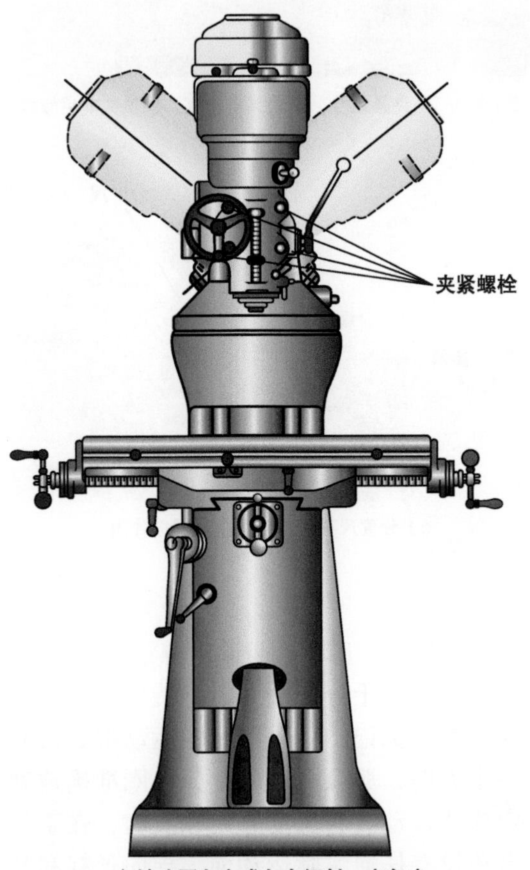

a）铣头同向左或向右倾斜一定角度

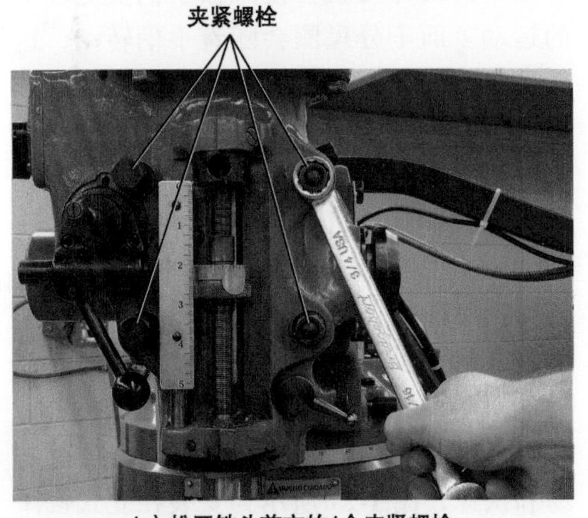

b）松开铣头前方的4个夹紧螺栓

c）旋转调整丝杠，使铣头倾斜一定角度，分度尺起辅助定位作用

图 1-24　铣头左右倾斜

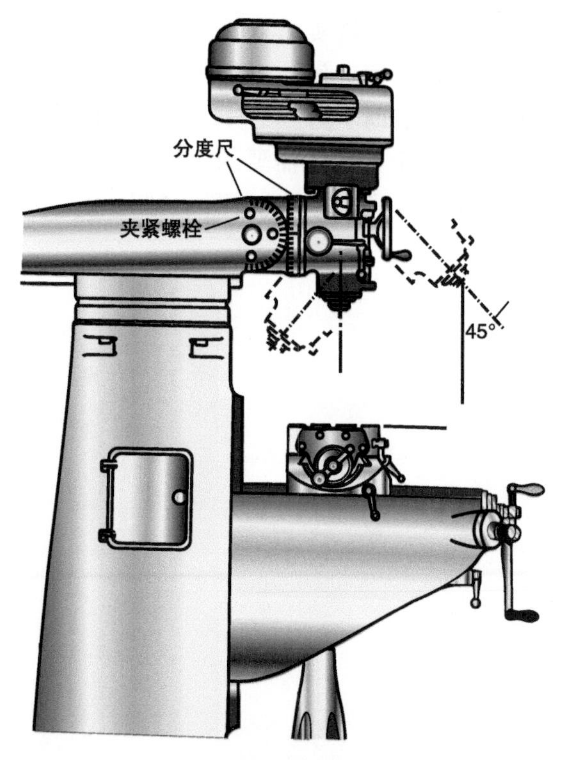

a）铣头也能朝前或朝后倾斜

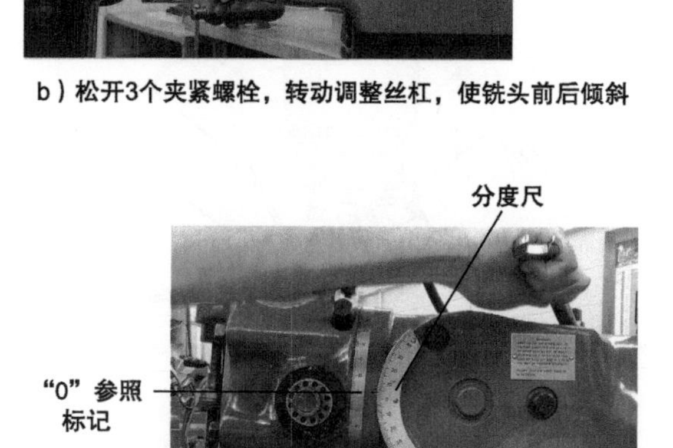

b）松开3个夹紧螺栓，转动调整丝杠，使铣头前后倾斜

c）分度尺在铣头定位中起辅助作用

图 1-25 铣头前后倾斜

1.7 可选配置

除了前面描述的一些标准配置外，为了提高效率，立式铣床还可以配置一些其他装置，如数显读数器，如图 1-26 所示，仅显示机器的实际运动坐标，使定位更简单、更精确。数显读数器经常用来替代千分尺圈。

图 1-26 数显读数器（DRO）

当工作台或床鞍反向移动时，如果只用千分尺圈，反冲会引起定位错误。例如，假设床鞍的千分尺圈顺时针旋转后设定在“0”参考标记，只要所有的运动都是沿同一个方向，那么可以用千分尺圈准确地确定这些运动。当运动方向相反时，在工作台还没有任何实际运动前，导向丝杠和螺母之间的反冲力就会使床鞍手柄发生轻微的运动。而千分尺圈会随着手柄转动，这就导致在测量运动中发生误差。数显读数器不会受反冲力影响，因为它只会在显示屏上显示真实的运动量。数显读数器已经不是现代铣床的可有可无的配置，很多的 DRO 还可以编程，辅助构造螺纹孔曲线或计算三角函数值。

自动进给单元是另一种常用于立式铣床的装置。和手动旋转手柄和摇柄相比，自动进给单元使机床工作台移动变得更容易和快速，图 1-27 所示为安装在立式铣床（X 向）工作台上的自动进给单元。

图 1-27　安装在立式铣床 X 向工作台上的自动进给单元

有一点很重要，一定要在使用自动进给单元前松开工作台锁紧结构，避免机床丝杠和燕尾滑块的磨损。

自动拉杆机构用于安装和移除刀具夹持装置，比手动拧紧和松开拉杆快很多。铣头上有一个按钮可用于自动起动气动驱动机构来夹紧或松开拉杆。图 1-28 所示为立式铣床自动拉杆单元，通过简单地按下按钮“IN”和“OUT”能够快速安装和移出刀具。

集中润滑系统是大多数铣床上使用的另一装置（见图 1-29）。集中润滑系统包括一个油库，里面装有称为轨道油的特殊润滑剂，很多油管与油库连接并把油输送到各种滑块和工作零部件。当拉集中润滑系统的手柄时，一股油从管道流出并同时润滑各种零部件。应在每天开始运行机床前拉动集中润滑系统的手柄，以充分地润滑机床各零部件表面。

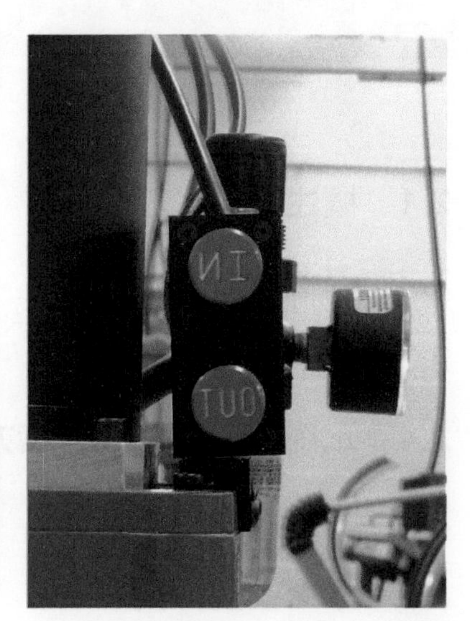

图 1-28　立式铣床的自动拉杆单元

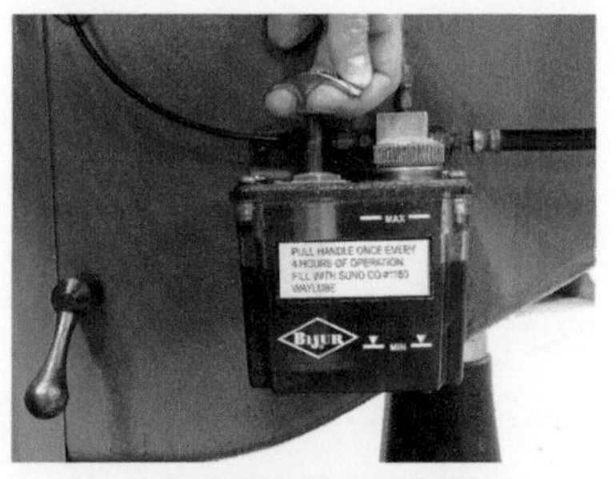

a）拉集中润滑系统的手柄

b）通过一系列管道泵油来润滑运动的机器零部件

图 1-29　中央润滑系统

第2章 立式铣床的刀具和夹具

- 2.1 概述
- 2.2 刀柄和刀杆
- 2.3 切削刀具材料
- 2.4 正确的切削刀具存储方法
- 2.5 立铣刀
- 2.6 平面铣削刀具
- 2.7 特种铣削刀具
- 2.8 刀具夹持
- 2.9 工件夹持

2.1　概述

在任何铣削加工开始前，一定要选择合适的切削刀具并正确装夹，工件也要固定得当。所有孔加工刀具都可以用在立式铣床上。工件和刀具在铣床上的安装一定要正确、牢固，以防在切削过程中对操作人员造成伤害；而且只有这样，才有可能达到期望的加工要求。

2.2　刀柄和刀杆

铣削刀具可以和刀杆一起固定或者直接固定在刀柄上，如图 2-1 所示。很多刀具都有和直柄钻头一样的刀柄，可以直接用一个刀具夹持器或夹套固定在旋转主轴上。还有一些其他的刀具，其上有一个固定孔，所以可将刀具通过这个固定孔固定在刀杆上来，保护切削刀具，然后把刀杆固定在铣床的旋转主轴上。大多数手动立式铣床主轴都有一个 R8 锥度的特殊锥度（见图 2-2）。刀具夹持装置要装进铣床的旋转主轴，因此也必须有这个锥度。

a）刀具及其刀杆

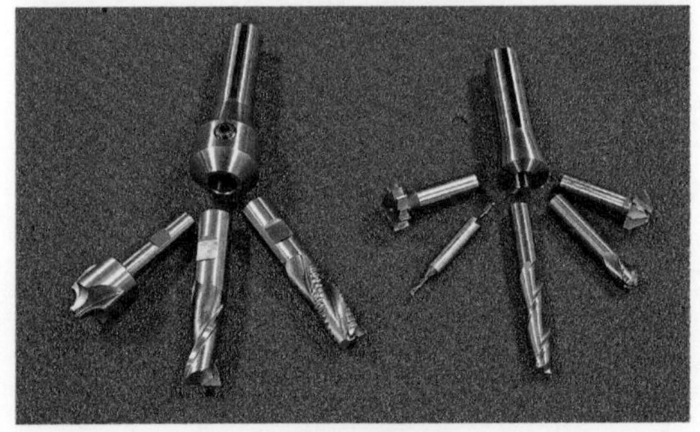

b）带刀柄的刀具

图 2-1　立式铣床上使用的刀具

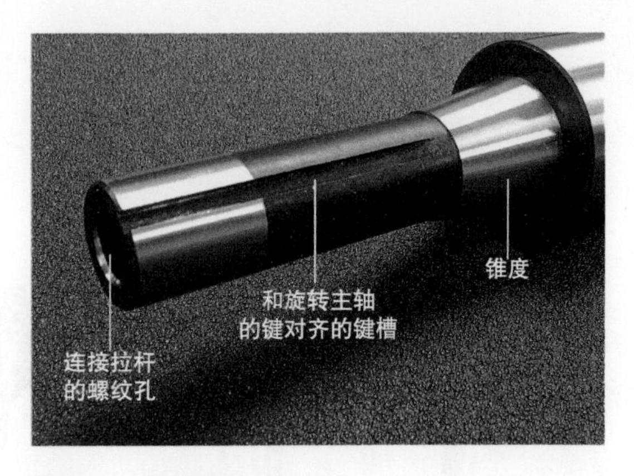

图 2-2　R8 锥度

2.3　切削刀具材料

铣刀可以是由高速工具钢或硬质合金制成的整体式刀具，也可以是钢刀柄带有可以更换的硬质合金切削刃的嵌入式刀具，如图 2-3 所示。嵌入式硬质合金刀具有各种各样的形状和规格，并且由中碳钢制成的刀体和可任意更换的硬质合金刀片组成。在切削刀具刀体四周加工有一系列槽，硬质合金刀片安装在这些槽里，并用螺钉紧固，所以所有的切削动作都是由这些刀片完成的，在非常高的切削速度下也能使用，这使得嵌入式硬质合金刀具成为一种非常高效的切削刀具。

当一把坚固的立铣刀在使用过程中发生磨损时，必须用一个特殊的砂轮机重磨，以形成尖锐的新的切削刃。对于磨损的或损坏的嵌入式立铣刀，可以简单地更换刀片或磨出新的切削刃，从而可以继续使用。

硬质合金刀片

在任意给定的加工条件下，都可以通过调整刀片特性来获得较好的刀具切削性能。通用硬质合金铣削刀片的基本识别系统是由美国国家标准协会（American National Standard Institute, ANSI）标准化的，这个识别系统包括刀片的形状、后角、制造公差、嵌入特点（和刀片怎样安装到一个刀体上有关）、尺寸、厚度和刀尖圆弧半径或切削点，以及一些额外的信息如用来

图 2-3　立式铣床上用的整体硬质合金和嵌入式硬质合金刀具

确定切刀旋转切削刃的左右手习惯、切割面尺寸和断屑槽形式，如图 2-4 所示。这个识别系统非常有用，可以用来解码任意用这个系统识别的刀片。图的顶部位置列出一个刀片样品名称，供读者参考。

1. 形状

刀片的第一个识别特性是形状，在图 2-4 所示的识别系统中，在位置 1 用一个字母指定。刀片形状不仅决定刀具能切削的零件的特征类型，而且决定刀片的强度及工件和刀具之间切削力的大小。注意图 2-5 所示的刀片形状对强度和切削力的影响。

S	N	C	N	4	3	2	E	R	4
1	2	3	4	5	6	7	8	9	10
形状	后角	公差等级	类型	尺寸(内切圆)	厚度	刀尖	切削刃形状	切削方向	倒棱尺寸

1 形状

代号	形状
A	平行四边形 85°
B	平行四边形 82°
C	菱形 80°
D	菱形 55°
E	菱形 75°
H	正六边形
K	平行四边形 55°
L	矩形
M	菱形 86°
O	正八边形
P	正五角形
R	圆形
S	四方形
T	三边形
V	菱形 35°
W	六边形 80°

2 后角

代号	后角
N	0°
A	3°
B	5°
C	7°
P	11°
D	15°
E	20°
F	25°
G	30°
O	D°

3 公差等级

尺寸公差(对称公差值)

等级代号	尺寸 m	尺寸 d	S(刀片厚度)
A	0.0002	0.0010	0.001
B	0.0002	0.0010	0.005
C	0.0005	0.0010	0.001
D	0.0005	0.0010	0.005
E	0.0010	0.0010	0.001
F	0.0002	0.0005	0.001
G	0.0010	0.0010	0.005
H	0.0005	0.0005	0.001
J	0.0002	*	0.001
K	0.0005	*	0.001
L	0.0010	*	0.001
M	*	*	0.005
U	*	*	0.005
N	*	*	0.001

注：*见下表

对C、E、H、M、O、P、S、T、R、W形状有效

I.C(内切圆直径)	d 等级 J K L M N	d 等级 U	m 等级 M N	m 等级 U
3/16	0.0002	0.003	0.003	0.005
7/32	0.0002	0.003	0.003	0.005
1/4	0.0002	0.003	0.003	0.005
5/16	0.0002	0.003	0.003	0.005
3/8	0.0002	0.003	0.003	0.005
1/2	0.0003	0.005	0.006	0.008
5/8	0.0004	0.007	0.006	0.011
3/4	0.0004	0.007	0.006	0.011
1	0.0005	0.010	0.007	0.015
1-1/4	0.0005	0.010	0.008	0.015

仅适用于形状D

I.C(内切圆直径)	d 等级 J K L M N	m 等级 M N
7/32	0.0002	0.004
1/4	0.0002	0.004
5/16	0.0002	0.004
3/8	0.0002	0.004
1/2	0.0003	0.006
5/8	0.0004	0.007
3/4	0.0004	0.007

仅适用于形状V

I.C(内切圆直径)	d 等级 J K L M N	m 等级 M N
7/32	0.0002	0.004
1/4	0.0002	0.004
5/16	0.0002	0.004
3/8	0.0002	0.004
1/2	0.0003	0.006
5/8	0.0004	0.007
3/4	0.0004	0.007

4 类型

代号	类型
A	
B	70°~90°
C	70°~90°
F	
G	
H	70°~90°
J	70°~90°
M	
N	
Q	40°~60°
R	
T	40°~60°
U	40°~60°
W	40°~60°
X	需要完备尺寸

5 尺寸(内切圆)

LC

对于等边可转位刀片，该数表示以1/8in为单位的内切圆直径值。

例如：
1/8″—1
5/32″—1.2
3/16″—1.5
7/32″—1.8
1/4″—2
5/16″—2.5
3/8″—3
1/2″—4
5/8″—5
3/4″—6
7/8″—7
1″—8
1-1/4″—10

对于矩形和平行四边形可转位刀片需要两位数字来表示。

第一位数字=以1/8in为单位的宽度。

第二位数字=以1/4in为单位的长度。

6 厚度

该数表示以1/16in为单位的可转位刀片厚度。

测量距离：
对于F、G、J和U类型刀片是从一侧的切削刃到另一侧的定位面的距离。

对于H、M、R和T类型刀片是从切削刃到底面的距离。

对于A、B、N、Q和W类型刀片是从上面到底面的距离。

例如：
1/16″—1
5/64″—1.2
3/32″—1.5
7/32″—1.8
1/8″—2
5/32″—2.5
3/16″—3
7/32″—3.5
1/4″—4
5/16″—5
7/16″—7
1/2″—8
9/16″—9
5/8″—10

7 刀尖

R

该数表示以1/64in为单位的刀尖圆角半径值。

例如：
0.002″　0
0.004″—0.2
0.008″—0.5
1/64″—1
1/32″—2
3/64″—2
1/16″—4
5/64″—5
3/32″—6
7/64″—7
1/8″—8
5/32″—10
3/16″—12
7/32″—14
1/4″—16
其他半径—X

双字母

适用于具有修光刃的刀片

首字母表示主偏角κ_r
A—45°
D—60°
E—75°
F—85°
P—90°
Z—其他角度

主切削刃　κ_r　副切削刃　修光刃　倒角　进给方向

次字线表示修光刃法后角
A—3°　F—25°
B—5°　G—30°
C—7°　N—0°
D—15°　P—11°
E—20°
Z—其他角度

8 切削刃形状

倒钝切削刃(倒圆切削刃)
A—0.0005″~0.003″
B—0.003″~0.005″

E—倒圆切削刃
F—尖锐切削刃
J—仅前刀面抛光至4研磨AA
K—双倒棱切削刃
P—既双倒棱又倒圆切削刃
S—既倒棱又倒圆切削刃
T—倒棱切削刃

9 切削方向

R—右切刀
L—左切刀
N—双向切刀

10 倒棱尺寸

右切或左切　L　副切削刃　主切削刃

双向切　L　主切削刃

该位数字表示以大约1/64in为单位的主切削刃长度

仅在第七位上是双字母时追加

例如：
1/64″—1
1/32″—2
3/64″—3
1/16″—4
5/64″—5
3/32″—6
7/64″—7
1/8″—8
9/64″—9
5/32″—10

图 2-4　ANSI 硬质合金铣削刀片识别系统

注：I.C.表示内切圆直径。

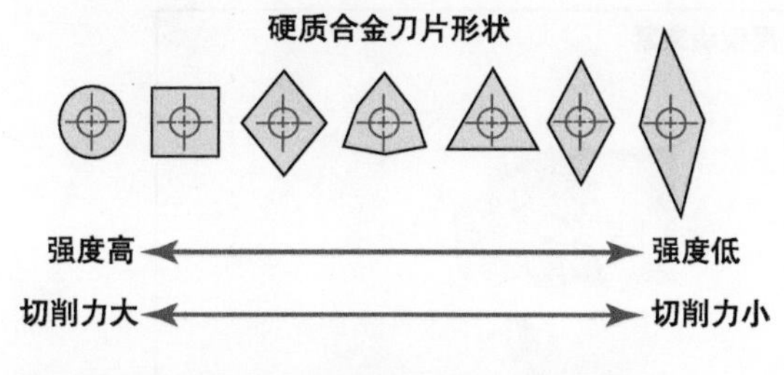

图 2-5　刀片形状对其强度和切削力的影响

铣削最常用的刀片形状是圆形、正方形、矩形、八边形、六边形、正三角形和三角形。刀片识别系统中用不同的字母来表示每个刀片相应的形状。

2. 后角

后角在图 2-4 的位置 2 中给出，根据这些值来加工刀片的切削刃后面。这个后角的存在允许在刀片中加工出径向前角，这样在切削的时候就没有边的摩擦了（见图 2-6）。很重要的是，请注意所有的刀片上加工出的后角不是由刀体提供的，就是由刀体和刀片共同提供的。后角决定了刀片需要安装到刀体上的角度，后角为 0° 的刀片必须用在沿负径向前角方向倾斜的刀具上，所以后角是由切削刀具和工件提供的。具有正后角的刀片（通常有 3° 以上的后角）

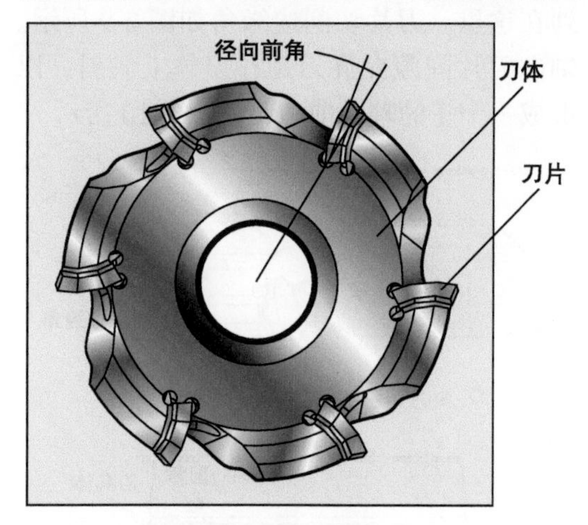

图 2-6　正径向前角，可阻止摩擦

可以和刀具轴线（一个中性刀体）同轴固定，也可以沿正的径向前角方向倾斜。后角为 0° 的刀片更耐用，而且还有额外的好处就是有两倍的切削刃，刀具可以被翻转和使用任意一面。但是，这种刀片通常消耗更多的能量并产生较大的切削力，这就要求有效高的主轴功率和主轴刚性。

3. 公差

公差在图 2-4 中位置 3，用一个字母表示。刀片和其他加工项目一样有尺寸公差要求，以保证刀片被索引或被另一个相同类型的刀片替换时，使用者能够期待一定量的可重复性。尺寸公差要求高的刀片需要更精密地生产，成本也更高。

4. 刀片的固定和断屑槽

图 2-4 中的位置 4 给出刀片固定到刀具夹持器的方式和断屑槽的布置。刀片可通过其上的中心孔定位，并用螺钉拧紧固定，或用楔块紧固，或用弹簧张力保持位置。图 2-7 所示为将刀片固定到铣削刀具体的四种方法。断屑槽是经过仔细设计，成形到刀片表面的几何结构。断屑槽的目的是形成特殊的切屑，这样切屑就能紧紧卷曲并断成易控制的小块。可以把断屑槽做在刀片的一侧或两侧，或不设断屑槽。

5. 刀片尺寸

图 2-4 中的位置 5 给出了刀片的一个尺寸因素。因为刀片有多种多样的形状，所以就开发一种通用方法来定义它们的尺寸，不管它们的形状是什么。通过定义在刀片的边以内的最大的圆，所有的刀片形状都可以尺寸化，这个尺寸称为内切圆直径。图 2-8 所示为两个不同形状刀片的内切圆。英寸系列内切圆直径表示为 1in[⊖]的 1/8 的倍数。例如一个尺寸代号是“3”的刀片，它的边缘可以填满 3/8in 直径的内切圆。图 2-4 中第 5 列所示的数字是内切圆的尺寸。因为一个圆不可能正好内切于矩形刀片，所以对此种情况给出两个数字，

⊖ 1in=25.4mm。

用定位螺钉夹紧固定

用楔块夹紧

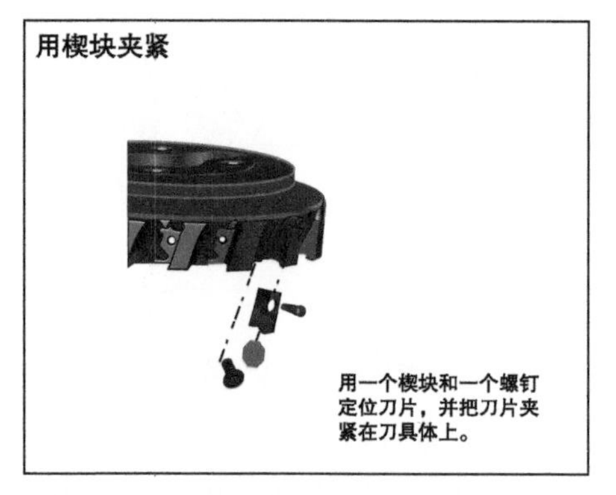

中心孔–螺钉夹紧

通过弹簧作用夹紧

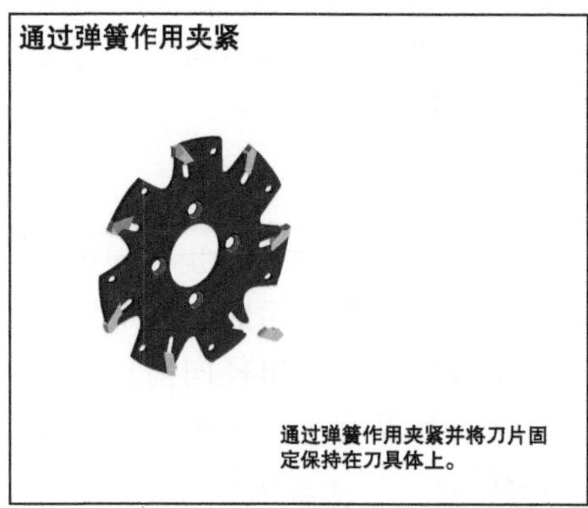

图 2-7 将刀片固定到铣削刀具体的四种方法

第一个数字代表在宽度方向 1in 的 1/8 的倍数，第二个数字代表在长度方向 1in 的 1/8 的倍数。

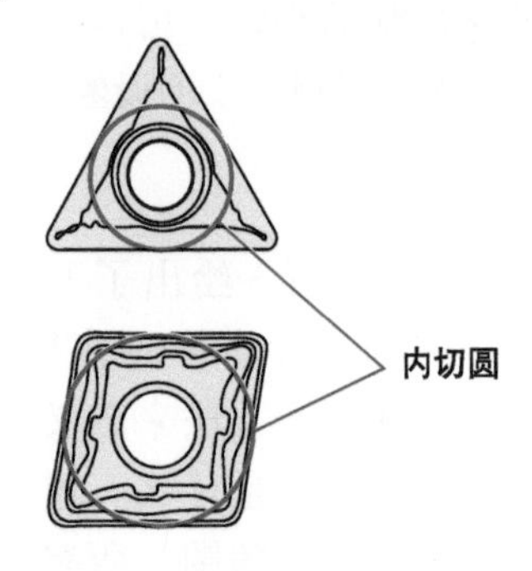

图 2-8 在两个不同的刀片形状上所示的内切圆

6. 刀片厚度

刀片的厚度在图 2-4 中位置 6 给出，表示为加工出 1in 的 1/16 的倍数。例如，一个刀片的尺寸代号是“2”，测量其厚度为 2/16in 或 1/8in（简化的）。

7. 刀具刀尖圆弧 / 切削点

刀尖的圆弧有利于增加刀片强度，并且影响表面粗糙度和切削力。图 2-4 中的位置 7 所示为刀片的刀尖圆弧或切削角的代码。表示轴向或断面后角的可选符号也列在这里。刀片切削边缘角如图 2-9 所示。轴向刀片间隙允许刀片在刀体上倾斜，以形成一个正的轴向前角，如图 2-10 所示。

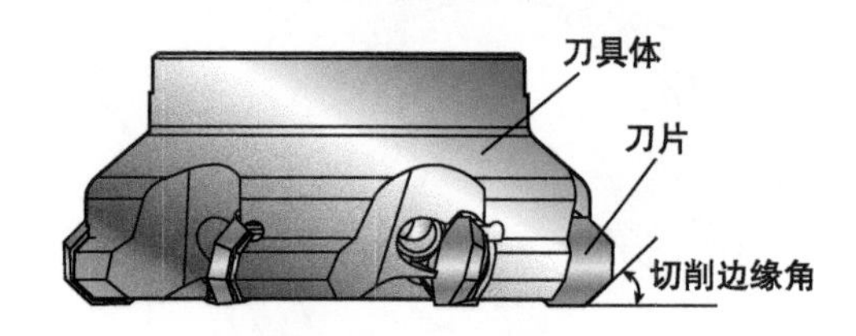

图 2-9 刀片的切削边缘角

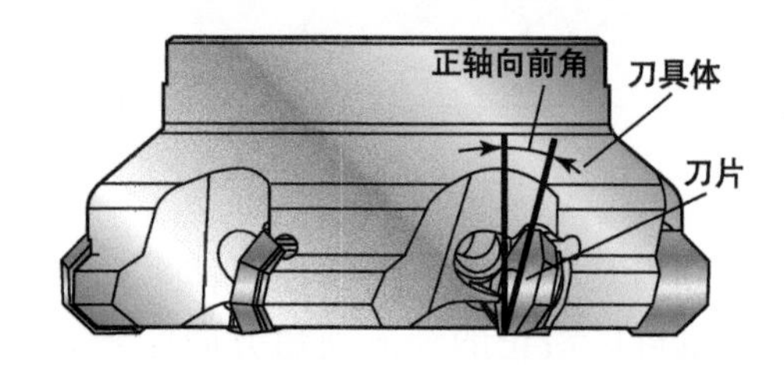

图 2-10 正的轴向前角

8. 制造商的选项

图 2-4 中第 8 列对制造商要求的额外的信息做了一个特别的注释，提供了可选择的空间。

9. 切屑的形成

在大多数情况下，人们更强烈倾向于使切削刀具产生的切屑破碎成小的、易于控制的片，这就要求必须综合切削角度、切削深度、刀尖圆弧、进给速度和刀片的断屑槽等条件来控制切屑的尺寸和形成。

要得到合适的断屑、表面纹理和刀具寿命，切削深度应该至少是倒角圆弧半径的 2/3。例如，如果按照这个规则，使用刀尖圆弧半径为 1/32in 的刀具切削时，不应该用一个比 0.021in 小的深度。通过增加进给速度，切屑变厚。随着切屑厚度增加，切屑更有可能碎成小片，而不是形成连续的串。

为进一步控制切屑，硬质合金刀具制造商在研究一种有利于进一步改善切屑形成的刀片的工作表面方面做了大量工作。这些断屑槽结构或许有时看起来像华丽的艺术品，但是可根据不同的切削条件，科学地改善其模型。带有针对不同材料类型、硬度条件、进行粗加工或精加工等设计的断屑槽的刀片是可用的。

10. 刀片等级

通常由非常硬的硬质合金制造的刀片会损失韧性，而一个有韧性的刀片会损失硬度。这些性能组成刀片等级，并和每种应用相配。工件材料、加工类型（精加工、半粗加工或粗加工）和加工条件（热处理、刚性、瞬断、排屑、切削流体供应等）都会影响正确选择硬质合金等级。图 2-11 所示是针对各种工件材料类型的标准化的 ISO 识别。在每一个 ISO 工件材料编码里，提供了从非常坚实（较软）到非常耐磨（更硬）的很多等级。坚实等级高的刀片能更好地避免在切削作用中产生瞬断。耐磨等级高的刀片使用的时间更长并能更好地抵抗苛刻的材料。很重要的是，对大多数硬质合金刀具制造商来说，他们都设计成用自己的专利等级命名，因此最好是参考每个品牌自己的刀具应用目录。

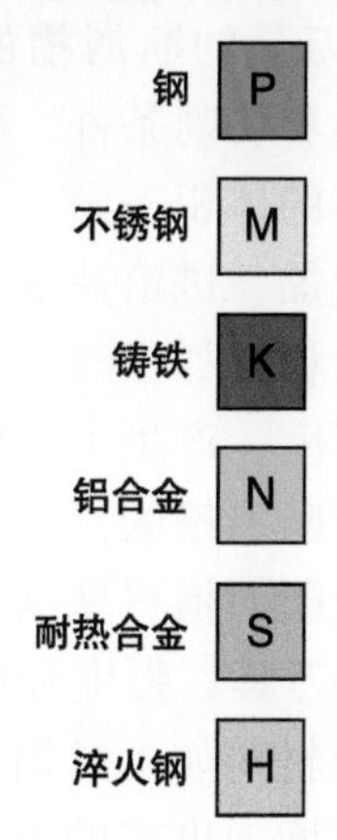

图 2-11　针对各种工件材料类型的标准化的 ISO 识别

2.4　正确的切削刀具存储方法

铣削刀具应该始终以避免它们相互接触的方式存储。这样就不会出现尖锐的切削刃变钝或出现缺口的情况。如果将刀具存放在一个工具盒里，在抽屉里要并排放在塑料、橡胶、毛毡或木头的底部，并且要使用分割器来避免刀具因滚动而互相接触。塑料或硬纸板做的盒子可以用于容纳刀具并提供很好的保护。

2.5　立铣刀

乍一看，一把带螺旋槽的立铣刀类似于一个麻花钻头。立铣刀的端部和边缘均有切削刃，可以用于铣削。立铣刀可用于加工多种产品结构，如铣沟槽、键槽和台阶。通用平面立铣刀的末端结构为一个圆柱和一个平面。特殊设计的立铣刀对完成铣削操作，如粗加工（去除大量材料）和生成凸面半径、凹面半径、T 形槽、半圆键槽和燕尾，都是适用的。

立铣刀有标准的分数英寸和米制直径，并且有各种个数和样式的断屑槽。因为断屑槽构成了切削刃，所以断屑槽的数量和切削刃的数量一样。最常用的断屑槽个数是 2 和 4，但是如果有特殊用途，断屑槽个数也可以是其他的值（见图 2-12）。切削刀具的断屑槽的数量取决于要切削的材料和切削条件，因为每一个切削刃去除材料的体积一定，如果所用刀具断屑槽个数增加，进给速度和切削深度就增加。切削软材料如铝时，通常允许使用较高的进给速度，产生大量的切屑，从而要求使用 2 个断屑槽的立铣刀，增加断屑槽空间，以免断屑槽里塞满切屑。一个有 4 个断屑槽的刀具，强度和刚度增加，适于加工更硬的材料如工具钢和不锈钢。同时，切削刃的增加也有助于提供更好的表面质量。

图 2-12　带 2、4、6 个断屑槽的立铣刀

立铣刀也可以分为中心铣削立铣刀（见图 2-13a）或非中心铣削立铣刀（见图 2-13b）。它的末端的切削能力取决于立铣刀底部切削刃的工作方式。对于中心铣削立铣刀，当竖直向下朝工件进给（切入）时，每一个切削刃依次轻微延伸超过另一个，因此不会有材料留下未被切除。非中心铣削立铣刀的切削刃在中心不相交，这使得它不能切入。（见图 2-13）大多数两头立铣刀都是中心铣削立铣刀，两头以上中心铣削立铣刀的数量有限。

a）有2、3、4断屑槽的中心铣削立铣刀

b）有4个断屑槽的非中心铣削立铣刀

图 2-13　中心铣削立铣刀和非中心铣削立铣刀

2.5.1　粗加工立铣刀

粗加工立铣刀是通过它的锯齿状切削刃来被识别的。锯齿状切削刃是经过特殊设计的，不会因大量材料去除而产生颤动、高温和功率消耗，可强有力地去除材料。这些锯齿状切削刃会产生一个粗糙表面，故通常要用一把标准立铣刀再进行加工。图 2-14 所示为粗加工立铣刀。

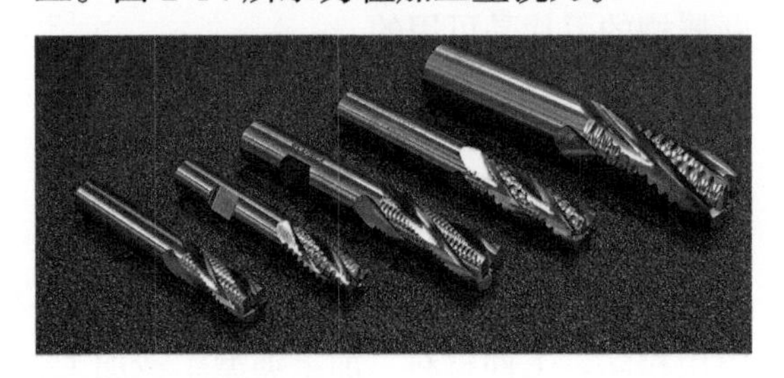

图 2-14　粗加工立铣刀

2.5.2　球头立铣刀

球头立铣刀（也称为球端铣刀或球铣刀）是一种末端有一个半圆球面的立铣刀，如图 2-15 所示。球的半径和立铣刀的外径成比例。例如，一个 1in 的球头立铣刀球

端半径为 1/2in。球头立铣刀可用于铣削工件的内圆弧。

a）2头和4头球头立铣刀

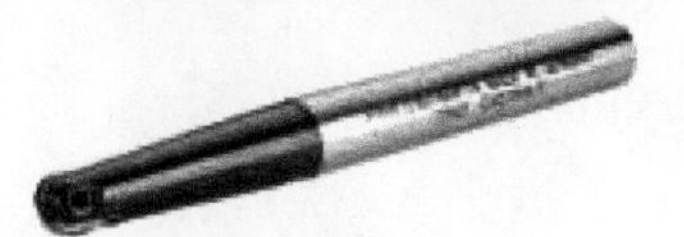

b）硬质合金刀片的球头立铣刀

图 2-15　球头立铣刀

2.5.3　半径立铣刀

半径立铣刀（也称为外圆角立铣刀）是一种在切削刃的拐角处有特殊圆弧刃口的平面立铣刀（见图 2-16）。这种立铣刀的刀具寿命长，因为拐角圆弧结构使其更结实和更耐用。当在两个相互垂直的平面之间有圆角半径要求时，可以定制这样的圆角立铣刀来加工出要求的半径。

图 2-16　半径或外圆角立铣刀

2.5.4　圆角铣刀

圆角铣刀按照每个切削刃的凹面圆弧形式进行切削，它们用于在工件的拐角位置加工出凸面（外的）半径。圆角铣刀如图 2-17 所示。

a）刀柄类型的圆角铣刀

b）刀杆类型的圆角铣刀

图 2-17　圆角铣刀

2.5.5　倒角立铣刀

倒角立铣刀用于在工件边缘加工出一个斜面，包括 60°、82° 和 90° 坡口角度的斜面，一把 90° 坡口角度的刀具可以加工出 45° 的倒角。倒角立铣刀如图 2-18 所示。

a）高速钢倒角立铣刀

b）硬质合金刀片倒角铣刀

图 2-18　倒角立铣刀

2.5.6　锥度立铣刀

锥度立铣刀用于在不用倾斜铣床铣头的情况下加工带角度的表面。它们最大可以加工 45° 的锥度表面。图 2-19 所示为锥度立铣刀。

图 2-19　锥度立铣刀

2.6　平面铣削刀具

在一个工件的顶部先加工出一个平面（称为部分断面）经常是重要的，这个操作可由以下三种类型铣刀的任意一种完成。

飞刀是一种有单切削刃的简单切削刀具，如图 2-20 所示。飞刀可加工出非常好的表面加工质量，并且刀头很容易卸下，然后可用落地式砂轮机磨削或用磨石研磨来变锋利。飞刀通常不能用于粗加工。如果不认真操作飞刀可能比较危险，只有在操作者采用保护装置进行防护时才能使用。如果飞刀从刀体飞出，保护装置要能够承受刀具的冲击。

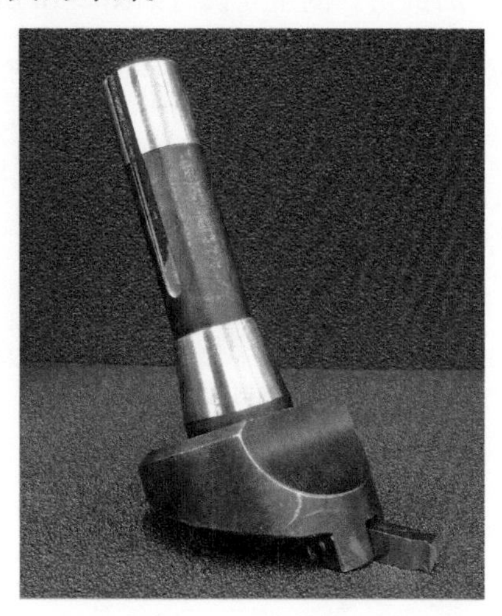

图 2-20　飞刀只有一个切削刃，是用一块高速钢车刀块磨削形成的

圆筒形立铣刀是一种多断屑槽的中空刀具，它可以固定在刀杆上（见图 2-21）。圆筒形立铣刀通常是整体式的，由高速工具钢制成，断屑槽的个数常见的有 8、10、12 和 14。虽然从技术角度来说，圆筒形立铣刀的端部和周边可以切削，但其相对大的直径使它成为加工大平面的理想刀具。圆筒形立铣刀能够用于加工直角台阶。

图 2-21　高速钢圆筒形立铣刀、硬质合金刀片平面铣刀及用于固定的刀杆

面铣刀是一种多切削刃的铣削刀具，它有可替换的切削刃。面铣刀可以做成带有一个中心孔的结构，这个中心孔的作用是把铣刀安装在圆筒形铣刀刀杆上或整体刀柄上（见图 2-22）。多切削齿的设计使面铣刀成为高性能粗加工和精加工操作的理想刀具。面铣刀一般不设计有加工直角台阶和靠着直角台阶加工的功能。面铣刀的切削刃可以很容易地通过更换或磨削刀片来更新。

图 2-22　R8 锥度刀柄的平面铣刀

2.7 特种铣削刀具

2.7.1 T 形槽铣刀

立式铣床和钻床工作台的 T 形槽可用一种称为 T 形槽铣刀（见图 2-23）的特殊铣刀加工而成。加工 T 形槽之前，要先用一把合适规格的立铣刀加工出槽的最上面的开口，再用一把 T 形槽铣刀加工出底部的槽。

图 2-23　整体式高速钢 T 形槽铣刀实物

2.7.2 燕尾槽铣刀

加工机床滑板上的燕尾槽时，使用的是一种称为燕尾槽铣刀（见图 2-24）的特殊铣刀。因为它们带角度的尖端易碎，要先用一把标准铣刀把燕尾槽铣到接近精加工尺寸，再用燕尾槽铣刀加工带角度的表面。

图 2-24　燕尾槽铣刀实物

2.7.3 半圆键槽铣刀

半圆键是一个半圆形的键，经常用于带动连在轴上的飞轮、带轮或齿轮，如一台小型发动机曲轴上的飞轮。当需要这种类型的键时，必须在轴上加工一个半圆形的槽来安装半圆键。半圆键槽铣刀（见图 2-25）作为一种特殊铣刀，可以用来完成这种半圆键槽加工。

图 2-25　半圆键槽铣刀实物

2.7.4 锯片铣刀

锯片铣刀可以用来在工件上加工窄缝，这些刀具类似于木工使用的圆盘锯片。锯片铣刀的厚度为 0.006~1/8in。图 2-26 所示为锯片铣刀的一些实物。

a）高速钢锯片铣刀实物

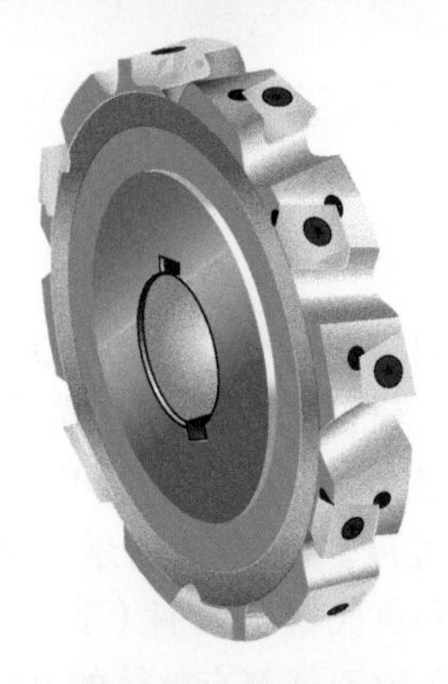

b）硬质合金刀片锯片铣刀

图 2-26　铣刀实物锯片

2.7.5 成形铣刀

将铣刀的切削刃做成特殊的轮廓，使用这种铣刀进行切削时，这些“特殊的轮廓”直接被传递到工件上。其中最常用的特殊轮廓是凹面圆弧和凸面圆弧。图 2-27 所示为带刀杆类型的凹面铣刀，用于在工件上成形加工凸面圆弧。图 2-28 所示为带刀杆类型的凸面铣刀，用于在工件上成形加工凹面圆弧。这些铣刀可以做成带直柄的类型，或者带有一个用于固定刀杆的中心孔类型。

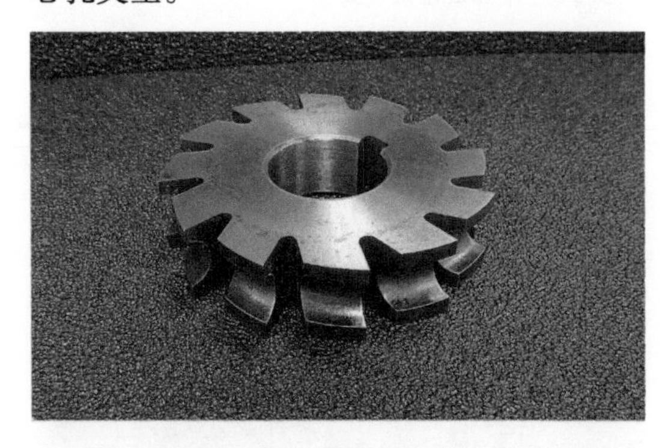

图 2-27 带刀杆类型的凹面铣刀

图 2-28 带刀杆类型的凸面铣刀

2.8 刀具夹持

在切削刀具选定以后，一定要将其正确地固定在铣床主轴上。立式铣床主轴内部通常配置有 R8 锥度，而不是钻床主轴上的莫氏锥度。图 2-29 所示为 R8 锥度刀柄（上）和莫氏锥度刀柄（下）。一些切削刀具和大多数刀杆都有整体的 R8 刀柄，可直接安装在机床主轴上。R8 锥度不像用于钻床的莫氏锥度一样，它在重载铣削时不能充分自锁。一根长的螺杆作为拉杆通过主轴孔插入机床上部，并旋入刀具夹持器的背部，以保护与之相配的锥度刀柄。

图 2-29 R8 锥度刀柄（上）和莫氏锥度刀柄（下）

安装一个 R8 锥度刀柄步骤如下：

• 首先清理两个锥面。

• 把外锥面轻轻地插入主轴，直到感觉接触到主轴键。

• 转动外锥面，直到其上的键槽与主轴键对齐，再把刀具的剩余部分插入。

• 一旦锥度刀柄完全插入，拉杆被旋进刀具，并用拉杆扳手扭紧。此时，必须使主轴制动机构有效，阻止主轴转动。

一旦完成组装，相互配合的锥面在拉杆的拉力作用下锁紧在一起。为了卸下 R8 锥度刀柄，拉杆必须松开并用锤子敲打来使锥面松开。在使用锤子敲打前要小心，只需松开拉杆 1~2 圈，这样可防止刀具从主轴完全掉落，并保证足够的拉杆接合，以防拉杆螺纹部分损坏。

2.8.1 立铣刀刀具夹持器

立铣刀刀具夹持器有一个 R8 锥度刀柄，并有一个锥孔和用于固定切削刀具的定位螺钉（见图 2-30）。这个螺钉一定要固定在刀具刀柄的平面上，以确保刀具夹紧牢固。这些夹持器大多用于夹持威尔登柄立铣刀，这种立铣刀都有一个特殊的带必要平面的刀柄（见图 2-31）。立铣刀夹持器价格不贵、坚固、简单并能传递很大的转矩，不同规格的夹持器须对应于每种直径的立铣刀。立铣刀夹持器经常引起立铣刀的跳动，这是因为立铣刀刀柄和夹持器孔之间必须有间隙，以便进行手工装配。当定位螺钉紧固后，立铣刀被挤向空的一边，引起跳动。对一般机加工应用来说，这不是问题，但是对高速、高精度加工来说，这些夹持器会引起刀具切削超差、振动和过早的刀具磨损。

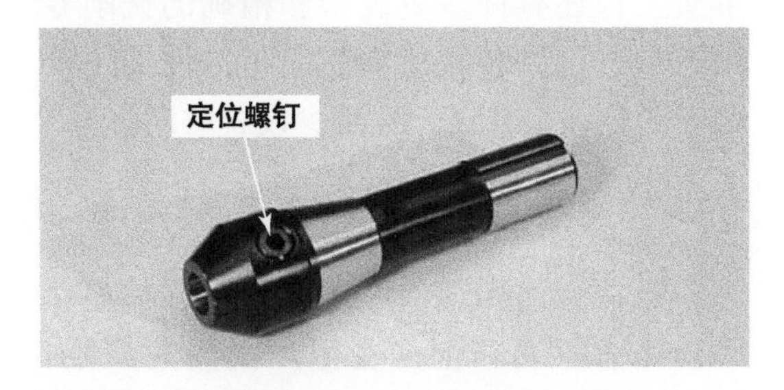

图 2-30　带 R8 锥度刀柄的立铣刀夹持器

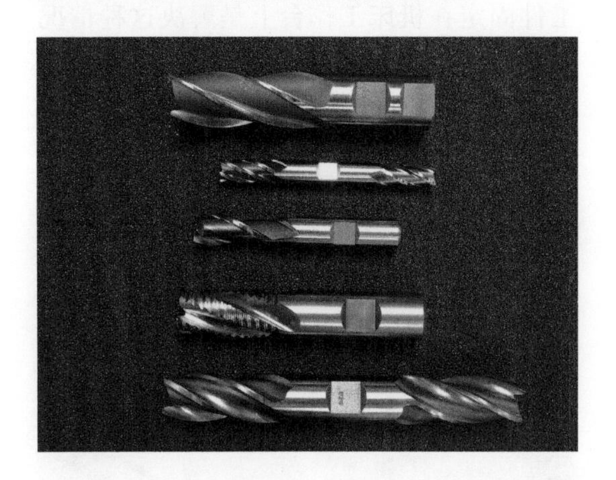

图 2-31　威尔登柄立铣刀，注意刀柄上的机加工平面

2.8.2　钻头夹盘

铣床上用的钻头夹盘和钻床上的完全一样，只是前者设计有安装在 R8 锥度主轴上的刀柄。（见图 2-32）。在所有的刀具夹持装置中，钻头夹盘有最大的“一种尺寸适合所有需求”的尺寸范围。但是，钻头夹盘更适合于夹持低扭矩刀具，如直柄钻头、铰刀、埋头钻和镗刀，因为有相对高的跳动量和很小的夹持力，不适用于夹持其他铣刀，如立铣刀或丝锥。

图 2-32　带 R8 锥度刀柄的钻头夹盘

2.8.3　莫氏锥度转接器

带锥度刀柄的钻头和其他刀具通过莫氏锥度转接器可用于铣床。这种转接器的一端有一个莫氏锥度内孔用于容纳钻头刀柄，另一端有一个 R8 锥度锥面用于固定在铣床的旋转主轴上，如图 2-33 所示。

图 2-33　R8 锥度刀柄的莫氏锥度转接器

2.8.4　圆筒形立铣刀刀杆

圆筒形立铣刀刀杆是一种简单的夹持器，可用于固定圆筒形铣刀和平面铣刀。刀杆由一个准确地固定刀具的导向圆柱和两个相对的防止切削刀具在刀杆上滑动的驱动键组成，如图 2-34 所示。用手将刀具穿过导向圆柱和驱动键，再用一个螺栓或内六角螺钉固定。

图 2-34　R8 圆筒形铣刀刀杆

2.8.5　短心轴

一些铣刀如锯片铣刀和成形铣刀，其中心都有一个直孔通过，并有一个单独的键槽。这些刀具只有固定在一个短心轴上，才能固定到机器的旋转主轴上。大多数立式铣床的短心轴都带有 R8 锥度柄（见图 2-35），并配有一系列垫片以适应不同宽度的刀具。其端部有一个锁紧螺母或螺钉，用于固定切削刀具。安装使用时，在刀具的每边都使用垫片并确认紧固锁紧螺母或螺钉。

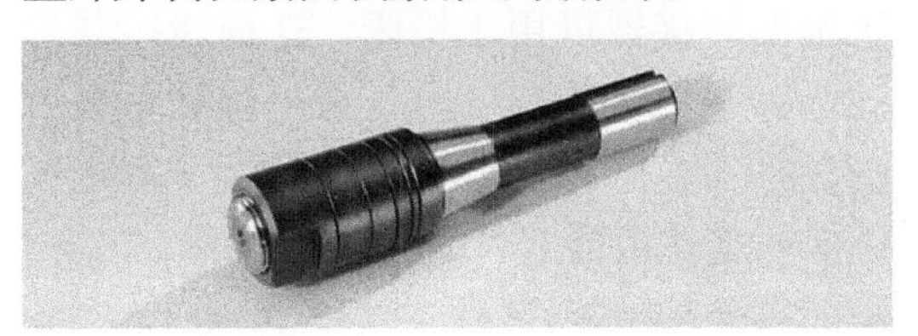

图 2-35　R8 短心轴

2.8.6　R8 夹头

另一种在立式铣床上用于夹持切削刀具的是 R8 夹头，如图 2-36 所示。R8 夹头的筒夹有一段内螺纹，可与拉杆螺纹配合。当拉杆固定后，夹头被向上拉进旋转主轴的锥面并收缩，从而夹紧切削刀具。夹头可以提供良好的跳动控制和从旋转主轴端的最短投影。R8 夹头以 1/32in 为增量，并且只能在标定的尺寸基础上膨胀或收缩 0.005~0.010in。

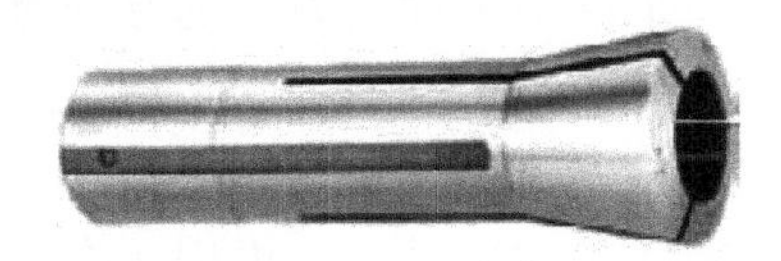

图 2-36　R8 夹头

2.9　工件夹持

机加工刀具是非常昂贵的投资，用在加工产品的时间越多，投资产生的利润越高。因此可以通过使用最好的工件夹持装置来节省时间。可以用于铣削的工件夹持装置有很多，从简单的压紧夹板和机用平口钳到精心制作的昂贵的定制夹具，特别是用于夹持一种类型工件的夹具。很多在钻床单元已经讨论的工件夹持装置，如 V 形块和角铁，也可以用于铣床上夹持工件。事实上，还有许多更复杂和精确的铣削专用夹具。这些装置能够帮助将工件加工至精确的公差，并极大地减少设置时间。

2.9.1　压紧压板

经常会遇到零件因尺寸或形状很难在平口钳上夹持，但是受生产批量的局限，又不能专门做一套定制夹具，利用压板把工件固定在机床工作台上是解决这种情况的极为通用的方法。遗憾的是，用压紧压板夹持工件不能保证重复定位的零件之间的一致性，因此每夹持一个工件都要正确地对齐和定位。这里有 一个窍门，用两个定位销紧密地配合进工作台的 T 形槽里，并把它们作为“后盾”，将工件的一条直边靠着这两个定位销，使工件沿这条边滑动，就可以迅速将工件和机床工作台的行程平行对齐（见图 2-37）。

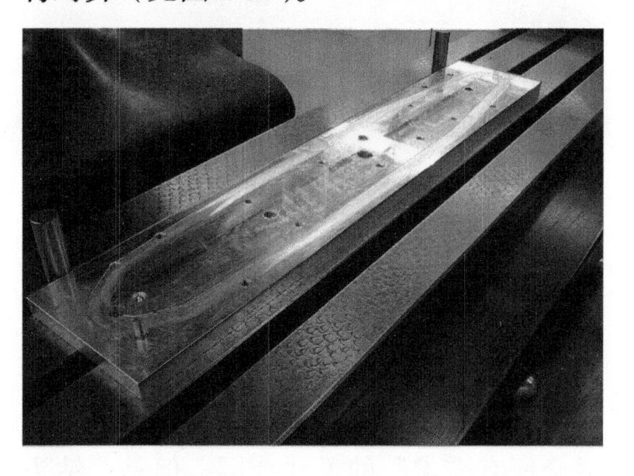

图 2-37　定位在工作台 T 形槽里的用于对齐工件或工件夹持装置的销钉

注　意

利用压板夹持工件时要特别注意，因为它们（止推夹持除外）经常超过工件上表面，与切削刀具干涉的可能性非常大。

压板有很多不同的变型，其中一种是阶梯块压板系统，这种夹紧装置是将螺柱或螺栓固定在机床工作台的 T 形槽中，然后用一根皮带从零件表面拉下来把它固定在工作台上。如图 2-38 所示，阶梯块压板系统通常按组采购，由以下零件组成：T 形螺母、双头螺柱或螺栓、升降块、夹紧块及必要的螺母和垫片。图 2-39 所示为一个典型的阶梯块压板系统。

用阶梯块压板安装工件时，把工件定位在机床工作台上，保证有足够的空间和工作台行程，一次装夹（如果可能）就能完成工作。再把 T 形螺母镶入工作台的 T 形槽，使其尽量靠近工件（见图 2-40），这样当向下夹紧时就会产生最大的夹紧压力施加在工件上。从一组零件里挑选一根足够长的双头螺柱，以在 T 形螺母和夹紧螺母两端提供充分的螺纹配合。将双头螺柱应充分地旋进 T 形螺母中，再选择一个适当规格的夹紧块和阶梯块。当选择夹紧块时，尽量选择最短的夹紧块，接下来选择合适的阶梯块。阶梯块要有足够的高度以便能在机构向下紧固时，把夹紧块的后部轻微地提起，这就把全部的夹紧力都施加在夹紧块的前端（见图 2-41）。

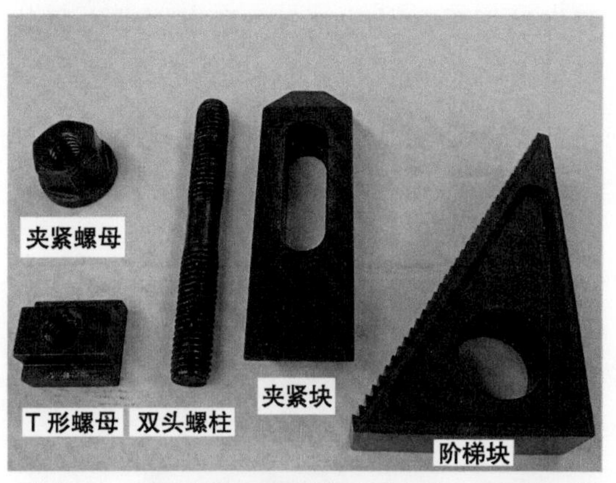

a）包含一个T形螺母、双头螺柱、夹紧块、阶梯块、夹紧螺母和垫片等

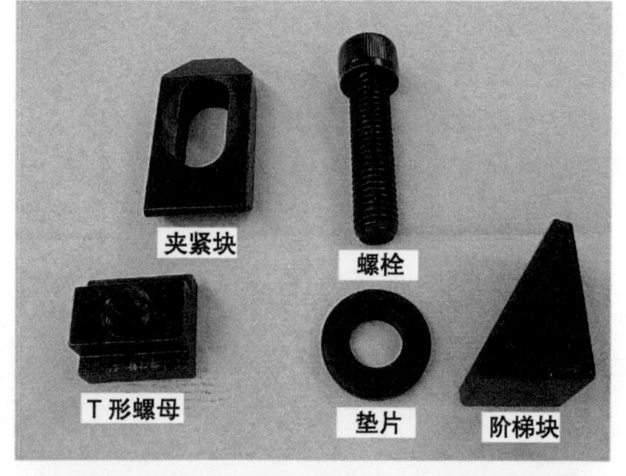

b）包含T形螺母、螺栓、夹紧块、阶梯块和垫片等

图 2-38　阶梯块压板系统的组成

图 2-39　一个典型的阶梯块压板系统包含 T 形螺母、夹紧螺母、各种规格的双头螺柱、夹紧块和阶梯块

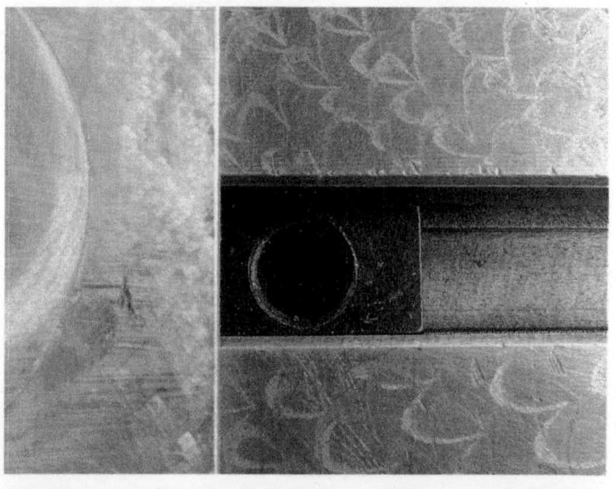

图 2-40　再把 T 形螺母滑进 T 形槽后，其定位应尽量靠近工件

a）正确的阶梯块压板夹紧，T形螺母和双头螺柱靠近工件，夹紧块的后部被阶梯块轻轻地抬高，将夹紧压力施加在工件上。双头螺柱的长度应保证在T形螺母和夹紧螺母两端提供足够的螺纹配合

b）避免夹紧块的后端比前端低，以及双头螺柱更靠近升降块，否则施加在阶梯块上的夹紧压力高于工件上的夹紧力

图 2-41 阶梯块压板系统的应用

1. 止推夹持

将止推夹持螺栓旋进 T 形螺母，通过抓紧零件的棱边将其压下紧靠在工作台上。这些夹紧装置使用特殊的夹爪抓住材料并使工件紧紧地靠着工作台（见图 2-42）。止推夹持对于一次性夹持加工板上的大平面是理想夹具，因为它不会高出工件。这些夹紧装置通常会在工件上被夹持部位留下印记。

图 2-42 止推夹持是首先用 T 形块固定在工作台上，再紧固调整螺钉来通过边抓紧工件

2. 肘节夹紧

肘节夹紧装置有一个杠杆压紧式夹紧臂，可通过扳动把手来夹紧和松开工件（见图 2-43）。因为装置的松开和夹紧不需要借助扳手和其他工具，所以肘节夹紧装置是生产大量相同零件时的理想选择。

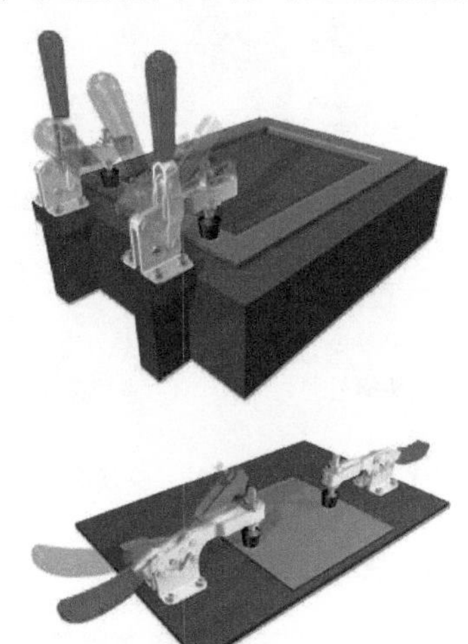

图 2-43 肘节夹紧装置不需借助工具就能快速锁紧和释放

2.9.2 铣削虎钳

铣削虎钳（见图 2-44）和钻床上用的虎钳很相似，但是前者的制造精度更高。铣削虎钳是铣削时最常用的工件夹持装置，这是因为它们有较高通用性、精确度和可重复性。由于是用钳爪夹持工件的，铣削

虎钳是夹持有两个平行边或两个相对凸平面（圆形或 D 形）工件的理想夹具（见图 2-45）。当用铣削虎钳夹持薄工件时，想一下工件厚度是否足够抵抗夹紧力产生的弯曲，这一点非常重要。它也能用于工件的垂直定位夹紧，保证加工表面与被夹持的表面具有良好的垂直度（见图 2-46）。

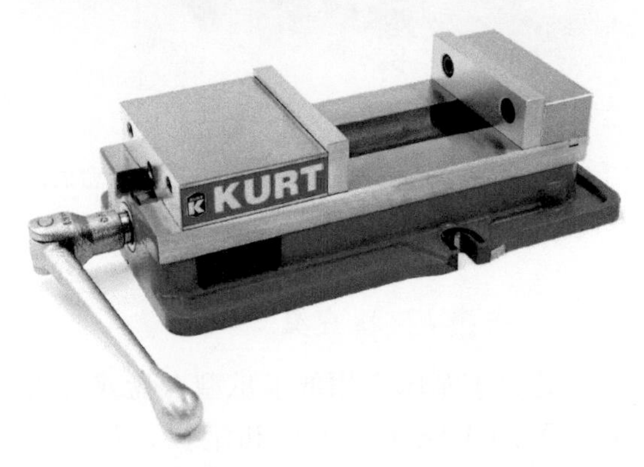

图 2-44　典型的铣床上用的虎钳

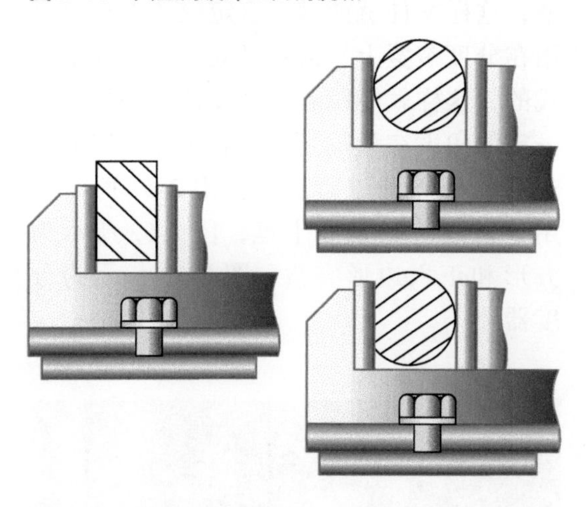

图 2-45　铣削虎钳很适于夹持有平行边的工件、圆形工件和 D 形工件

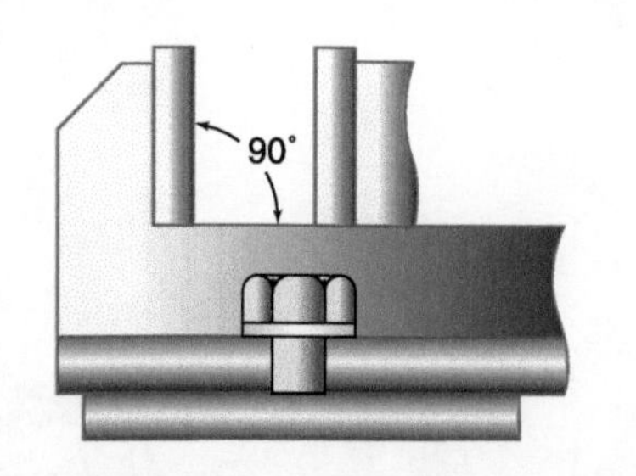

图 2-46　铣削虎钳的固定钳爪垂直于底座表面，可用于加工垂直表面

铣削虎钳中重的平台部分称为底座，固定钳爪位于底座的后部并且不能移动。固定钳爪或者与底座铸成一体，或者用内六角螺钉紧固在底座上，由键或销钉阻止其移动。底座的顶部有两条称为轴承面的精密的平导轨，当旋转虎钳的把手时，活动钳爪沿轴承面向后和向前滑动，以夹紧和松开工件。虎钳的床身内有一根螺杆，螺杆穿过活动钳爪下面的一个螺母。图 2-47 所示为铣削虎钳的组成零部件。

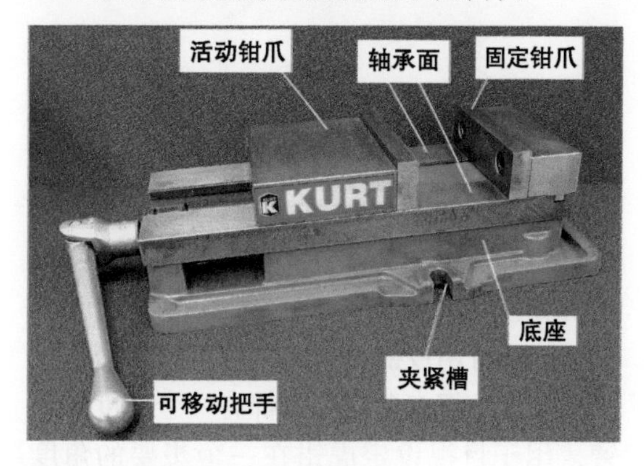

图 2-47　铣削虎钳的组成零部件

钻床压紧单元中提到的平行压板对铣削虎钳上安装工件也是必需的。这些精密钢质压板用于垫高工件，使工件表面和虎钳底座表面保持平行排列。这些平行压板也可用作“测隙规”，以确保工件被正确装夹。当用虎钳夹紧一个精密工件表面时，零件应正确放置，靠着平行压板固定，以确保它们不能轻易地被手移动。随着虎钳的夹紧，要轻轻地用一把软面锤子敲打工件的各个角，以确认工件装夹妥当。

现在的铣削虎钳的活动钳爪上有一个机械装置，向下拉这个爪，使其紧靠底座的轴承面，以保持其和底座面的垂直度，防止工件被平行压板抬高。早期的虎钳没有这个特点，并且钳爪滑动间隙使得在夹紧工件时允许钳爪朝上倾斜，导致工件被抬高。

铣削虎钳可以直接安装在机床工作台上，或安装在一个回转底座上。回转底座是按照 1° 的增量分度的，这就使得整个虎钳可以旋转到任意一个想要的角度，并用虎钳底座的夹紧螺母锁定在这个位置。这个特点对执行很多操作很方便，如在一个工件的一端铣削角度，或者和一个零件的中心线成一定角度钻孔（见图 2-48）。

图 2-48　安装在回转底座上的铣削虎钳，允许工件角度定位

特种虎钳

特种虎钳可以用于带角度的工件夹持。这种角度虎钳有一个支承带铰链底座的底盘，因此可用铰链绞合并锁定在铣削操作想要的角度。很多角度虎钳都有一个分度支承臂，用于目视设定虎钳在一个想要的角度（见图 2-49）。

正弦虎钳是一种用于铣削高精度角度的特种虎钳，它类似于角度虎钳，但是有一个安装正弦棒的特殊底座。这种虎钳可以用量块来辅助设定到一个精密角度，和设定正弦棒用的是同一种方式（见图 2-50）。

图 2-49　角度虎钳可以在一个铰链上运动并锁定在几乎任意需要的角度位置

图 2-50　正弦虎钳可用量块辅助设定非常精密的角度位置

2.9.3　卡盘 / 夹头夹具

类似于车床上用的卡爪型卡盘或夹头夹具可用于铣床上夹持和定位工件。在立式铣床上，这些装置可以其背面固定水平，这样零件就能被垂直定位。卡盘也可用在分度装置上，或者是立式的，或是卧式的，这样就能绕着一个零件的外周按照一定的角度增量加工，或者按照一定的模式如孔分布圆进行加工。图 2-51 所示为用于铣削的自定心卡盘，图 2-52 所示为方形和正六边形夹头，图 2-53 所示为分度器。

图 2-51　用于铣削的自定心卡盘

图 2-52 方形和正六边形夹头

图 2-53 分度器可以使用夹头或自定心卡盘定位，也可倾斜用于角度定位

2.9.4 真空吸盘、磁性吸盘和粘结剂基工件夹持装置

经常，只用上面描述的方法时，有些工件很难夹持，如一个零件要求 4 个侧面和顶面在一次装夹中完成加工。还有一些零件因太薄或太脆以至于不能承受机械夹紧力。对这些情况，可以使用一种能吸引或粘住工件的夹具。

真空吸盘是一种工具盘，有一圈真空端口或槽，用于实现真空。把工件放在这些端口上，起动真空泵，工件被牢固地吸附在真空吸盘的表面上。尽管这种夹具对重型铣削来说不是理想的夹具，但使用真空吸盘时更换零件非常容易，并且在雕刻加工或其他轻型加工操作中非常适用。这种夹持方法在加工薄的、柔韧的零件时也能确保平面度。

磁性夹持是加工中有时使用的另一种夹持方法，它是使用磁性卡盘把工件夹持在适当的位置，更换工件时可以关闭磁铁，加工时再磁化。使用这种装置装夹工件时，几乎不存在工件表面被遮住的情况，通过把薄工件拉靠在卡盘的平面，可以保证夹持高度一致（见图 2-54）。

图 2-54 固定在磁性卡盘上的工件

粘结剂可用于把工件“粘”在一个平面或接触面上，通常是在工件和工具盘或机床工作台之间使用双面胶。还有一些技术甚至使用粘结剂基的粘结剂，其暴露在紫外灯下时会发生硫化。粘结工件夹持方法（除了速度和易接近加工零件表面外）的主要优势是低的工件变形量。现在这种类型的工件夹持方法主要用在航天领域，夹持复杂形状的复合材料（见图 2-55）。

图 2-55　粘结剂基的工件夹持，粘结剂在紫外灯下会硫化

2.9.5　专用夹具

有时，零件的形状非常少见，需要用高度稳定的夹紧系统精密定位。为此，必须使用一种专用夹具。专用夹具是一套专门为特殊工件设计的夹持装置。这种装置对不常见零件是非常有用的，并且可提供相对于重要尺寸表面的高度一致的参考。专用夹具因为其全部需要定做，所以价格比较昂贵，需要投入很多想法、策划、设计、定做加工和材料。然而，对于不常见零件的大量生产，这种专用夹具是理想选择（见图 2-56）。

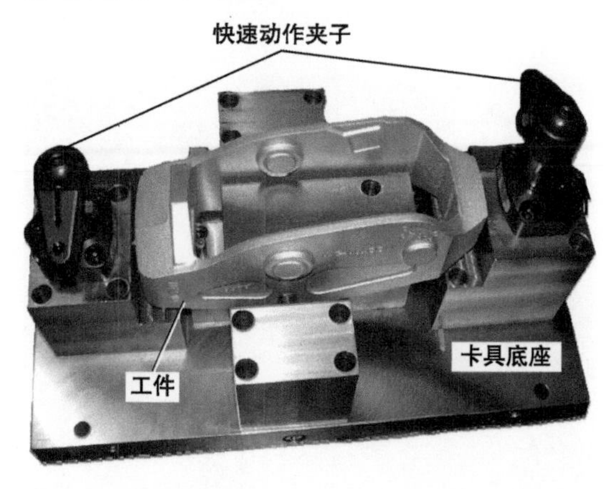

图 2-56　定做的铣削卡具有时可用于夹持不常见形状的工件

立式铣床操作

第3章

3.1 概述

在选择了合适的切削刀具、刀具夹持装置和工件夹持装置以后，在起动机床进行加工前还要确定速度和进给参数，然后正确调整立式铣床，将工件夹持装置正确而牢固地安装在机床工作台上，并且在机加工操作开始前安装好切削刀具。

3.2 常规铣床安全知识

铣床和其他机床一样，是非常危险的，但是如果遵守基本的操作规程，就能够保证安全操作。虽然关于特定的安全注意事项的讨论贯穿于这一单元，但是接下来的一些预防措施在铣床操作过程中更应该被关注。

注 意

• 当操作铣床时要一直戴着安全眼镜。

• 穿合适的硬底工作鞋。

• 穿短袖，或者卷起长袖至超过肘部。

• 不要穿宽松的衣服，防止卡在运动的机床部件里。

• 摘下手表、戒指和其他的珠宝等。

• 保护好长头发，以防被缠在运动的机床部件里。

• 在操作任何铣床以前确保所有的机床防护装置和罩子都在正确的位置。

• 绝对不要操作一台已经锁住的或贴了标签的铣床，并且绝对不要开锁或撕下标签。

• 在开始任何机加工之前，确保所有的刀具和工件都是安全的。

• 在拧紧或松开一根拉杆后，立即移开拉杆扳手。

• 要在他人帮助下移动重的工件或工件夹持装置，并使用正确的提升方法。

• 当操作一台铣床时，要将注意力集中在机床上，不要因为其他活动或和其他人说话而变得思想不集中。

• 绝对不要在铣床运转时走开。

• 不要让其他人调整工件、刀具和机床设置，也不要调整其他人的设置。

• 清除机加工区域包括破布和刀具在内的所有东西，以确保不会有东西和转动的切削刀具接触，否则这些东西和切削刀具缠绕在一起或者如果碰到了转动的切削刀具会从工作区域被强力地甩出。

• 在调整工具夹持或刀具夹持，或进行测量，或清扫机床之前，务必先关停主轴并等待其完全停下。

• 务必小心操作铣削刀具，切削刃非常锋利，有可能造成割伤。

• 从工件或刀具上清除切屑时要使用刷子，并且要在旋转主轴完全停下以后，绝对不要用手清除切屑。

• 绝对不要使用压缩空气清理铣床上的切屑、碎片和切削液。

3.3 用调整装置调整铣床铣头

用调整装置调整铣头就是通过调整，使旋转主轴垂直于机床工作台的上表面。这是铣削垂直的机加工表面和确保加工后的孔和工作台垂直所要求的。为了使用调整装置调整更容易，最好移除机床工作台上的所有工件夹持装置。举一个例子，铣床的铣头在两个方向倾斜，如图 3-1 所示。

图 3-1 铣床铣头的调整举例

使用调整装置进行调整的过程是：第一步，松开两组夹紧螺栓，转动调节螺钉，使每个分度器至其“0”参考标记，再用一把扳手拧紧夹紧螺栓，稍微超过用手拧紧的程度（见图 3-2）；第二步，移动主轴套筒至最低端并用主轴套筒锁紧装置将其锁在适当的位置，在工作台上放一根长方形截面梁，靠着主轴套筒的一边滑动切削刃，确保工作台和长方形表面之间没有灰尘和毛边。使用调整螺栓使主轴套筒更紧密地和长方形表面对齐，边对边从前到后在主轴套筒上重复这一过程（见图 3-3）。拧紧夹紧螺栓使铣头不会松开，但仍然在用调整螺钉调节时容易移动。

参照　参照

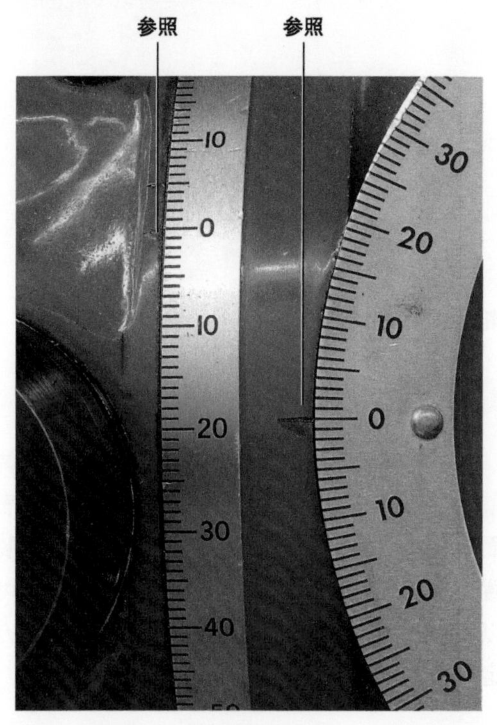

图 3-2　松开铣头的夹紧螺栓以后，移动铣头来设定每个分度器至它的“0”标记处，再拧紧夹紧螺栓至稍微超过用手拧紧的程度

定位工作台，使旋转主轴位于工作台的中间，再在旋转主轴上安装并固定一个千分表，用它来扫掠一圈，这一圈要比工作台的宽度稍微小一点。把旋转主轴置于空档，以使千分表旋转更容易。保持测头距离工作台边缘大约 1/4in，并使千分表的测头尽量和工作台表面平行（见图 3-4）。

a）从前到后移动主轴套筒检查其与工作台表面的垂直度

b）从左到右移动主轴套筒检查其与工作台表面的垂直度

图 3-3　主轴套筒与工作台表面的垂直度检查

转动旋转主轴，使千分表位于工作台前方的 6 点位置，再把千分表的测头靠近工作台并加载，使指针转动大约表盘一圈的 1/4；转动旋转主轴 180°，把千分表带至工作台后面的 12 点方向。当越过工作台的 T 形槽时，慢慢转动旋转主轴，务必要小心谨慎，这样千分表就不会损坏并且它不会在冲击下产生移动。有两种方法可用来避免越过 T 形槽时的问题。一种方法是使用量块 1-2-3 块或相似的块来检查在每

个位置的千分表读数，而不是直接将千分表和工作台接触（见图 3-5）；另一种方法是在一个经过精密磨削的盘上、板上或回转底座虎钳的底座上扫掠千分表，而不是直接在工作台上（见图 3-6）。

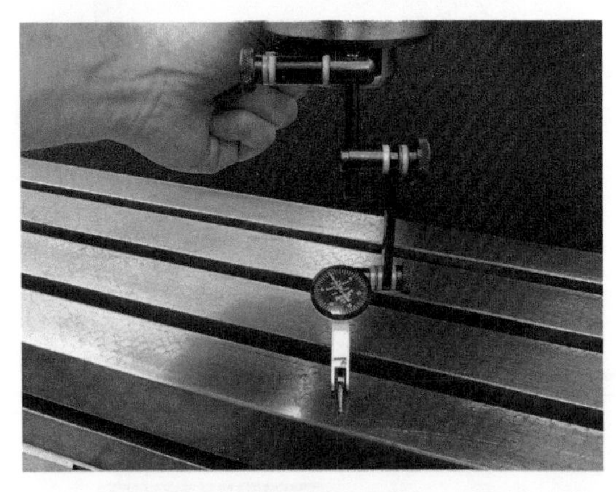

图 3-4　使用一个安装在旋转主轴上的千分表来“扫掠”工作台表面

图 3-5　使用一个千分表和量块来检查在 6 点和 12 点位置的调整

调整铣头，直到两个位置中每一个位置的千分表读数都在 0.001~0.002in 之间，避免每一次小的调整都需要调整螺栓的方向，因为这会引入反向冲击并使调整过程更困难。

在 3 点和 9 点位置重复这一过程，如图 3-7 所示，调整铣头（再一次进行非常小的调整），直到这两个千分表的读数都在 0.0005in 以内。再回到 6 点和 12 点位置，并调整铣头，直到这两个千分表的读数都在 0.0005in 以内。拧紧所有的夹紧螺栓并用千分表扫掠工作台，确保总的千分表读数（TIR）在 0.0005in 以内。

图 3-6　用一个千分表和一个平盘来检查调整

3.4　调整工件夹持装置

所有的工件夹持装置都得到正确的调整也是同样重要的，这样才能加工平行表面和垂直表面。使用不同类型工件夹持装置的方法仅仅会被创造性地限制，但是可以运用一些基本的原则在一个需要的地方定位任意类型的夹持装置。

3.4.1　调整铣削虎钳

调整虎钳时，首先要确保机床工作台和虎钳底部之间干净，没有毛边，然后轻轻地把虎钳放在机床工作台上，并定位夹紧。

注　意

当移动重的虎钳时应借助工具或在他人帮助下进行，并在举起时弯曲膝盖。

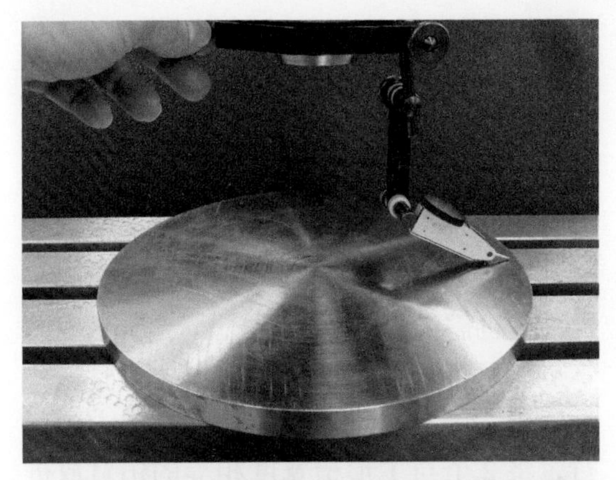

图 3-7　在 3 点和 9 点位置检查千分表读数，根据读数调整，再回程到 6 点和 12 点位置进行微调

如果虎钳有一个回转底座，要把底座固定在工作台上，松开回转底座上的两个螺母并调节虎钳上的参考标记和底座上的“0”标记，再把螺母拧到用手拧紧的程度，这样就可以粗略地在工作台运动方向调整固定钳爪（见图 3-8）。用夹紧装置或磁性表座在旋转主轴或铣头上，或在悬臂上安装一个千分表，把千分表定位靠近铣床虎钳固定钳爪的一端，如图 3-9 所示，并一直指在固定钳爪上。如指在活动钳爪上，在调整时会产生错误。移动床鞍给千分表加载并把表盘面板设定到“0”。再转动工作台把手，移动千分表靠近固定钳爪的另一端。注意千分表移动的方向和移动量，使用软塑料锤或香槟锤轻轻敲打并移动虎钳，使千分表读数的差值减少到一半。例如，如果千分表显示一个正的差值 0.010in，轻轻敲打虎钳直到指针在负方向移动大约 0.005in（见图 3-10）。重复这一过程直到千分表读数为 0.0005in TIR 或更少，再锁紧回转底座并重新检查以确认虎钳不会移动。

图 3-8　通过调整虎钳上的参考标记和回转底座上的“0”标记来完成虎钳的粗调

图 3-9　为了调整虎钳和工作台运动方向，定位一个千分表，使其一直指在固定钳爪上

图 3-10　在对齐过程中，使用香槟锤轻轻敲打虎钳进行调整，直到 TIR 为 0.0005in 或更少，完全紧固以后重新检查 TIR

如果使用的是没有回转底座的虎钳，松开一个夹紧螺栓，并把另一个拧到用手拧紧的程度，这样就能允许虎钳以相对较紧的夹紧螺栓为中心旋转，并使调整更具可预测性（见图 3-11）。如果两个夹紧螺栓都被松开，就很难控制虎钳的运动。按照带回转底座的虎钳调整步骤进行调整，直到固定钳爪上的 TIR 是 0.0005in 或更少。每次都要在最终紧固后重新检查 TIR。

图 3-11　当调整没有回转底座的虎钳时，只松开一个夹紧螺栓，这样它就可以起到中心点的作用并使调整更具可预测性

虎钳也能按固定钳爪和床鞍运动方向（*Y* 轴）平行来安装，如图 3-12 所示。在这种情况下，使用刚刚描述的方法，但是要通过移动床鞍来检查 TIR。

图 3-12　虎钳也可以和床鞍运动方向对齐

3.4.2　调整其他工件夹持装置和大工件

有时工件夹持装置，如角度盘、V 形块和定做夹具，不需要其他进一步的调整，就能固定到虎钳上。如果这些装置对虎钳安装来说太大，可以使用类似于虎钳调整的方法来对其进行调整。直接装夹的大工件通常也需要调整。

有两种方法可以用来大致地调整这些大工件。因为 T 形槽和工作台运动方向平行，将 2 个与 T 形槽宽度相等的销钉放进 T 形槽里，然后使一个工件或工件夹持装置靠着销钉滑动（见图 3-13）；另一种方法是靠着机床工作台的前面或者后面放置一根方形截面块，并把切削刃平放在工作台上，然后调整工件或工件夹持装置，检查方形截面块与切削刃的垂直度（见图 3-14）。当调整到适当的位置时，用夹紧装置固定工件或工件夹持装置。

图 3-13　在 T 形槽里的销钉可用于工件或工件夹持装置与工作台方向的对齐调整

图 3-14　方形截面块可以用于调整对齐工件表面平行于床鞍运动方向

按照加工精度的要求，这些步骤或许足以达到规范要求。如果需要更高的精度，在夹具定位以后，可以使用千分表来更精确地调整对齐工件，如图 3-15 所示。

图 3-15　为了能更精确地定位，使用一个千分表来对齐工件表面和工作台或床鞍运动方向

3.5　铣削操作的速度和进给量

计算铣削操作时主轴的 *RPM*（单位：r/min）和计算钻床操作时的 *RPM* 是一样的。

标准公式为 $RPM=\dfrac{3.82CS}{D}$

式中　*CS*——表面切削速度 FPM（in/min）；
　　　D——切削刀具的直径（in）。

可以用图表法获得铣削操作切削速度，和钻床和车床操作时的参数计算一样。有些切削速度图表中只列出适合铣削的切削速度，而其他图表仅仅包含一些单独的针对铣削的列。当在铣床上进行孔加工操作时，应使用在钻床上进行相同操作时的相同的速度和进给量确定原则。

注　意

确定合适的切削速度并计算合适的主轴 *RPM* 通常需要花费时间，在过高的速度下操作切削刀具可能引起刀具的失效和损坏，导致严重的伤害。

车削和孔加工中进给速率的单位有 *IPR*（英寸每转）或 *FPR*（英尺每转），升降台型立式铣床上经常使用 *IPR* 表示主轴进给设置，但是工作台和床鞍的自动进给指定用 *IPM*（英寸每分钟）。为了计算 *IPM*，要使用下列公式：$IPM=FPT\times N\times RPM$，这里 *FPT* 为每齿进给量，*N* 为齿数或切削刀具的出屑槽数，*RPM* 为主轴的转速。

注　意

确定合适的进给速度同样也需要花费一定的时间。过高的进给速度能引起刀具损坏，并把工件从机床上猛烈地拉下来，导致严重的伤害。

FPT（每齿进给量）也称为 *IPT*（英寸每齿）或排屑量。这表示的是切削刀具每转一周由一个切削刃去除的金属厚度。*FPT* 值很小，通常的范围是 0.0005~0.010in。可以在进给量图表中获取其值，如图 3-16 所示。这些图表可以从很多不同的资源处得到，包括切削刀具制造商和机械手册。用每齿出屑量乘以齿数或断屑槽数量，得到一个每转进给值。用这个值再乘以 *RPM*，就可以得到 *IPM* 值。

【例 1】 用一把 1/4in 直径的 4 断屑槽 HSS 立铣刀在切削黄铜时，计算 *RPM* 和用 *IPM* 表示的进给速度，表面切削速度 *FPM* 是 200 in/min，*FPT* 是 0.001in。

首先计算 *RPM*：

$$RPM=\frac{3.82CS}{D}=\frac{3.82\times 200\text{in/min}}{0.25\text{in}}=3056\text{r/min}$$

再计算 *IPM*。已知 $FPT=0.001\text{in}$，$N=4$，$RPM=3056\text{r/min}$，则

$$IPM=FPT\times N\times RPM=0.001\text{in}\times 4\times 3056\text{r/min}=12.2\text{in/min}$$

材料	SFM in/min (HSS 刀具)	每齿排屑量			
		1/8in	1/4in	1/2in	1in
铝合金	600~1200	0.0010	0.0020	0.0040	0.0080
黄铜	200~350	0.0010	0.0020	0.0030	0.0050
青铜	200~350	0.0010	0.0020	0.0030	0.0050
碳钢	100~600	0.0010	0.0015	0.0030	0.0060
铸铁	80~350	0.0010	0.0015	0.0030	0.0060
铸钢	200~350	0.0005	0.0010	0.0020	0.0040
钴基合金	20~80	0.0005	0.0008	0.0010	0.0020
铜	350~900	0.0010	0.0020	0.0030	0.0060
模具钢	50~300	0.0005	0.0010	0.0020	0.0040
石墨	600~1000	0.0020	0.0050	0.0080	0.0100
铬镍铁合金	30~50	0.0005	0.0010	0.0015	0.0030
镁	900~1300	0.0010	0.0020	0.0040	0.0080
可锻铸铁	200~500	0.0005	0.0010	0.0030	0.0070
镍基合金	50~100	0.0002	0.0008	0.0010	0.0020
塑料	600~1200	0.0010	0.0030	0.0060	0.0100
不锈钢 - 易切削	100~300	0.0005	0.0010	0.0020	0.0030
不锈钢 - 其他	50~250	0.0005	0.0010	0.0020	0.0030
钢 - 退火	100~350	0.0010	0.0020	0.0030	0.0050
钢 - 18~24 HRC	100~500	0.0004	0.0008	0.0015	0.0045
钢 - 25~37 HRC	25~120	0.0003	0.0005	0.0010	0.0030
钛	100~200	0.0005	0.0008	0.0015	0.0030

图 3-16　立铣刀铣削速度图表举例

注：SFM——每分钟表面切削量

【例 2】 计算 RPM 和用 IPM 表示的进给速度，刀具为直径是 3in 的 8 齿硬质合金面铣刀，切削 AISI/SAE 1040 钢，表面切削速度是 325in/min，每齿排屑量是 0.003in。

首先计算 RPM：

$$RPM = \frac{3.82 \times 325\text{in/min}}{3\text{in}} = 414\text{r/min}$$

再计算 IPM。已知 $FPT = 0.003\text{in}$，$N = 8$，$RPM = 414\text{r/min}$，则有

$$IPM = 0.003\text{in} \times 8 \times 414\text{r/min} = 9.9\text{in/min}$$

影响切削速度、进给量和切削深度的因素有很多，包括材料的硬度、切削刀具、机加工功率、被加工材料和使用的切削液。要想熟悉这些，需要良好的实践经历。遵循这些少见的原则有助于确定安全、有效的速度、进给量和切削深度。粗加工时，使用较低的速度、较高的进给速度和较大的切削深度，加工后的表面相对较粗糙，但是可快速去除材料。精加工时，使用相对较高的速度、较低的进给速度和较小的切削深度，加工后的表面相对较光滑。但无论如何一定要记住，随着切削深度增加，进给速度必须减小，以形成一致的、安全的切削条件，并且可以防止过早的刀具磨损。在立式铣床有牢固的机构的前提下，面铣刀和圆筒形立铣刀能承受 0.200in 或更

大的切削深度。当用面铣刀或立铣刀进行铣削操作时，推荐最大铣削深度为立铣刀直径的一半；当用立铣刀的边进行铣削操作时，推荐最大铣削深度是直径的 1/4。

3.6　孔加工操作

在立式铣床上进行孔加工时，使用和钻床上相同的切削刀具和机加工技术，直柄切削刀具安装在卡盘中，莫氏锥度刀柄切削刀具安装在莫氏锥度刀柄的 R8 锥度转接器中。用立式铣床进行孔加工操作的主要好处在于能更精确地实现孔定位。在立式铣床上加工孔时，不是移动工作台上的工件使划线十字交叉点或冲孔标记对齐主轴，而是通过移动工作台和床鞍来对齐工件和主轴。利用千分尺圈或数字读数器（DRO），还可以加工出具有精确孔间距或孔边间距的孔。

3.6.1　将孔定位在一个布局

如果工件上的第一个孔定位不是很重要，或者工件没有一个参照边，可用一个摆锤、一个尖的寻边器或者中心钻在布局上定位该孔，使用的方法和在钻床操作单元讨论的方法相似。为了完成定位，需要移动工作台来使主轴对齐十字交叉点或冲孔标记。完成定位或生成这第一个孔后，用千分尺圈或者数字读数器来定位剩下的孔的位置，将这些孔定位在期望位置的 0.001in 误差以内。如果这个精度等级不需要（例如公差为 ±1/64in），则对每个孔可以使用摆锤、尖的寻边器或中心钻来定位。在加工孔之前，把床鞍和工作台都锁紧是一个良好的做法，这样可确保其在实际机加工操作中不会移动。

如果只用千分尺圈，由于导向螺杆的反向冲击会产生定位误差，只有当移动方向不变时，它的读数才是准确的。有时，必须要通过变换方向来定位，在这种情况下，在最终定位以前，必须沿设置零位方向相反的方向旋转手轮一整圈，再沿着最初的设定零位的方向旋转，才能获得期望的千分尺圈读数（见图 3-17）。

图 3-17　当只用千分尺圈定位时，永远要沿相同的方向来确认准确的位置，当变更方向时，超过期望的读数，再沿最初的方向运动达到千分尺圈读数

3.6.2　从一个边定位孔

当要求从一条参照边精确定位孔时，应使用一种不同的定位方法。寻边器可用来非常精确地找到一条参照边。它主要包括两个精密的圆柱形零件，由一个弹簧（见图 3-18）通过弹簧张力固定在一起，但是允许端部移动，不和柄部对齐（见图 3-19）。

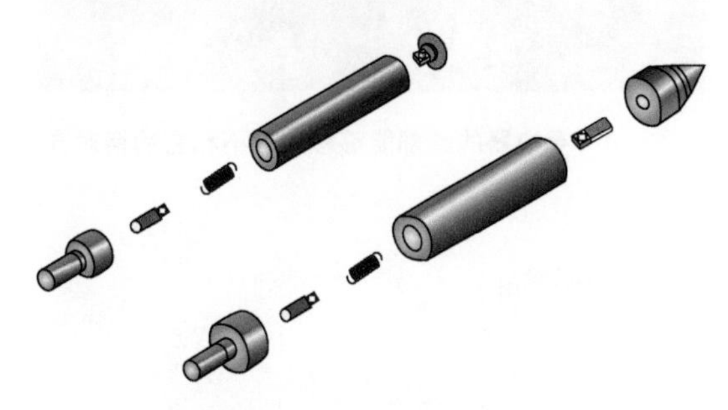

图 3-18　寻边器构造

使用寻边器时，首先把寻边器安装在夹头或者钻孔卡盘上，注意使用夹头时不要过度夹紧，否则会引起中空的寻边器柄损坏。当把寻边器安装在钻孔卡盘上时，做法是相同的，只需手工紧固即可，因为用卡盘

钥匙过度紧固会损坏寻边器的柄部。接着降低主轴套筒，这样寻边器的端部就低于工件的上表面了，然后紧固主轴套筒的锁紧机构，通过移动工作台来定位寻边器，使其端部距工件大约在 1/8in 以内（见图 3-20）。打开机床主轴并设定转速为 1000~2000r/min，用手指轻轻敲打寻边器的端部，产生颤动（摇晃不定）。小心地移动工作台，使寻边器和工件的边缘接触。继续慢慢移动工作台，注意到端部更像是由工件推动和柄部对齐。当端部发出“咔哒”声时，寻边器的中心位置（和机床主轴）距工件边缘为寻边器端部直径的一半（见图 3-21）。在千分尺圈或数字读数器上设定“0”，接着松开主轴套筒锁紧机构，并把寻边器带到高出工件的上表面。移动工作台运动寻边器端部直径的一半，重新在数字读数器或千分尺圈上设定“0”参考位置。这个过程必须在 X 轴和 Y 轴两个方向都进行一遍。

图 3-19　寻边器的端部能够移动，不和它的柄对齐

图 3-20　把寻边器定位靠近工件的边

a）当寻边器的端部“跳”

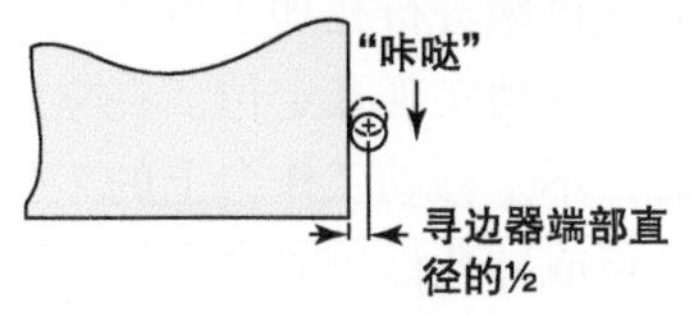

b）主轴的中心线距零件边缘为寻边器端部直径的一半

图　3-21

3.6.3　定位零件特征的中心

为了找到一个已有孔的中心，经常使用一个千分表。首先，通过移动工作台和床鞍，通过目视将主轴定位在孔的中心，在主轴上安装千分表，如图 3-22 所示，并使测头和工件接触；接下来，把主轴置于空档并旋转千分表，使它与 X 轴或 Y 轴在一条直线上，通过轻轻地转动千分表的面罩把千分表的刻度盘设定到零，如图 3-23a 所示。旋转主轴 180° 并注意指针运动的方向和运动量，移动 X 轴（或 Y 轴），移动距离为两个读数差值的一半，这样指针就回程到初始的零读数，如图 3-23b 所示。例如，如果指针向右转动直到指针停在 0.020，工作台必须移动使指针向左后退并停在 0.010。再对另一个轴重复这一过程，在主轴正确定位以后，锁紧工作台和床鞍，并在扫掠这个孔时重新检查千分表的读数，根据需要调整两个轴直到达到期望的精度。设定千分尺圈或数字读数器到参考的“0”位置。

图 3-22　用固定在主轴上的千分表来定位孔中心

这种定位方法也可用于定位内开口的中心，即使不是圆的。当主轴定位在开口的中心时，千分表在主轴旋转 180° 后的读数是相同的；但是如果开口在 X 轴和 Y 轴方向的尺寸不一样，X 轴方向的读数和 Y 轴方向的读数就不同（见图 3-24）。

如果零件上的圆孔相对千分表测头来说太小，可将针规放在该孔内，代替孔的内表面。该方法还可用于指示圆轴或圆钢的中心（见图 3-25）。

a）千分表与机床轴线一致时置“0”

b）转动主轴180°并注意千分表读数的差值

图 3-23　定位零件中心

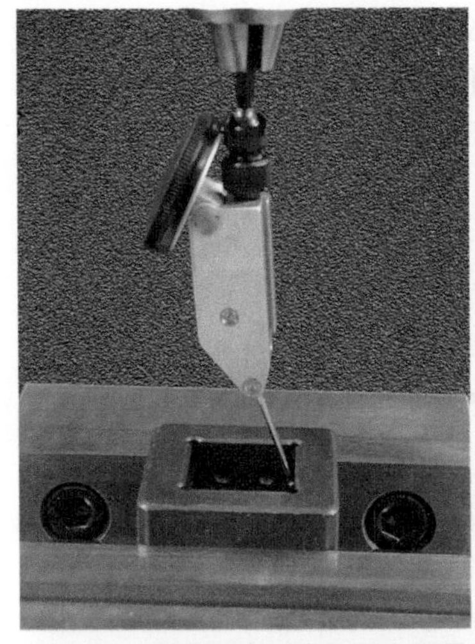

图 3-24　零件正方形内开口也可用千分表扫掠边来定位中心

a）用针规定位小孔中心

b）用针规定位外圆表面中心

图 3-25　其他中心定位方法

3.6.4　镗孔

镗孔是使用一把单刃刀具来扩大一个已经存在的孔的加工方法。镗孔相比其他孔加工操作的优势是可加工任意尺寸的孔，并且还能加工那些超出钻头和铰刀范围的大孔。因为镗刀不是像钻头一样按照已有的孔进行加工的，所以可以调整孔的位置，如图 3-26 所示。

在铣床上，镗刀杆安装在机床主轴上并随着穿过孔进给。镗刀头通常用于夹住镗刀杆，并且具有偏置功能，以控制孔尺寸，在镗刀头上有一个滑块，可通过旋转千分尺调整螺钉来偏置镗刀杆，调整后用锁紧螺钉把滑块固定在恰当的位置（见图 3-27）。

镗孔时，把镗刀头安装在机床的主轴上，再把一个合适尺寸的镗刀杆安装在镗刀头里。使用最大的镗刀杆时要保证其安全地配合在已有的孔里，使用最短的镗刀杆则要确保加工深度，而且要确认镗刀杆足够长，以避免镗刀头底部和工件及任何工件夹持装置的上表面发生碰撞。镗刀头经常有多个镗刀杆安装孔，使用哪一个安装孔取决于要加工的孔的尺寸及镗刀杆的尺寸。加工小直径的孔时，选择离镗刀头中心较近的安装孔；加工较大直径的孔时，选择离中心较远的安装孔（见图 3-28）。镗刀杆的切削端必须和调整滑块的中心线在一条直线上（见图 3-29）。

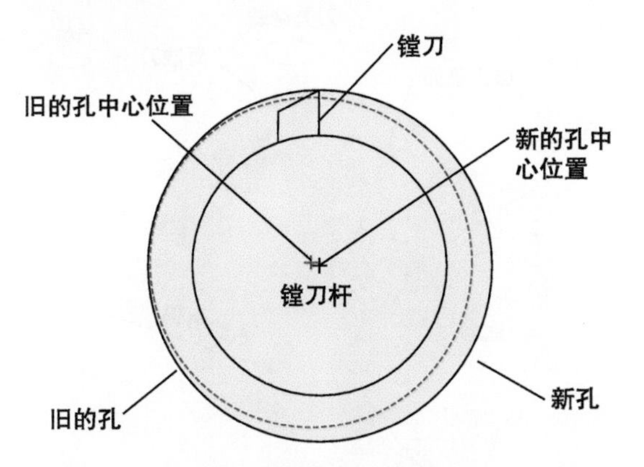

图 3-26　在铣床上镗孔时，孔的位置可以通过移动 X 轴或 Y 轴来改变，或两轴同时移动

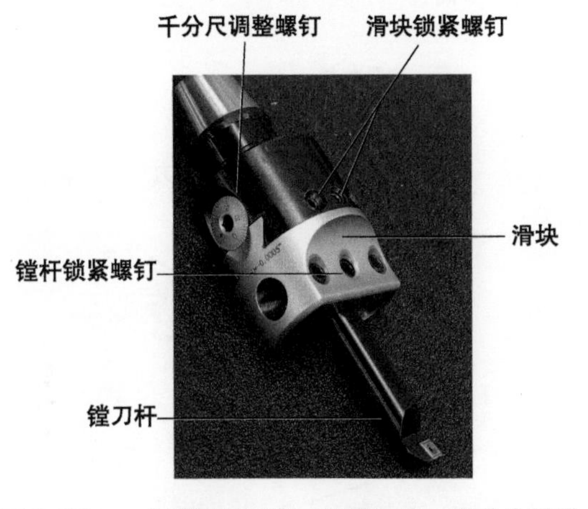

图 3-27　一个镗刀头固定一根镗刀杆，用千分尺调整螺钉镗刀头上的滑块，然后通过锁紧螺钉把它固定在合适的位置

调整镗刀头的调整滑块，使镗刀杆和已有孔的内部配合，设定铣床上千分尺的调整螺母，使主轴套筒的行程允许镗刀杆能加工到期望的深度，对通孔允许镗刀杆切削端的行程超过工件的底部大约 1/8in；对不通孔和埋头孔，设定调整螺母短于最终的深度。当加工开始后，可以检测深度，使用千分尺调整螺母或升降台。

图 3-28　镗刀头有多个安装孔，以适应不同直径的孔加工

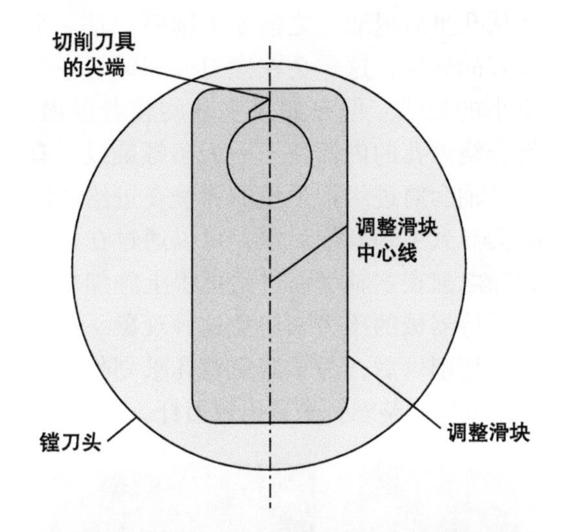

图 3-29　镗刀的切削端必须和调整滑块的中心线在一条直线上

设定镗刀杆的直径时，降低主轴套筒，把镗刀杆带进已有的孔里，慢慢调整千分尺刻度盘，直到镗刀杆的端部和已有孔的壁产生轻微的接触，再把主轴套筒退出孔。在孔里使用一些划线液可在镗刀杆触碰孔壁时更容易观察。

计算并设定一个合适的主轴速度，因为镗刀杆的刚性比其他孔加工刀具小，根据要镗孔的直径，主轴速度要比相同直径钻头的 *RPM* 降低 1/4~1/3。这会帮助减少过度的振动和颤振。还可使用一些试错法以得到一个合适的主轴 *RPM*。使用自动进给传动曲柄并设定进给反转把手，所以主轴套筒向期望的方向（通常朝下）进给，固定主轴套筒进给选择调节器来设定期望的进给速度。当粗加工大直径棒料时，使用较高的进给速度 *IPR* 为 0.003 或 0.006；当精加工和使用小直径棒料时，使用较小的进给速度 *IPR*，如 0.0015 或 0.003。同理，可使用试错法来确定一个合适的进给速度。

使用千分尺调整螺钉来偏置镗刀杆，达到期望的切削深度。手动降低主轴套筒，把镗刀杆带至工件表面以下大约 1/8in，起动主轴并使用进给控制杠杆开始镗孔（见图 3-30）。当主轴套筒停止螺母在行程的末端到达调整螺母的位置时，自动进给解除。在从孔里后退通过之前使主轴停止是一个良好的做法，这样会在镗刀一侧留下一条小小的划线。但是如果主轴旋转着退出，就会绕着孔的内侧留下一大条螺旋线。有时主轴套筒进给把手里的弹簧在进给解除时会导致主轴套筒后退，可以通过在进给解除之前在主轴套筒进给把手上施加轻微的手持器械的压力来避免这种现象。在精加工切削以后，为了避免镗孔被划伤，使用千分尺调整螺钉来退出镗刀杆。

图 3-30 使用进给控制杠杆起动主轴套筒，开始镗孔

3.7 铣削基础

很多不同的加工都可以使用第 2 章中描述的不同类型的铣刀来完成，但是很少有适用于所有操作的原则。面铣是使用铣刀的端面来加工表面的，如图 3-31 所示。周铣是使用铣刀的周边切削刃来加工表面的，如图 3-32 所示。

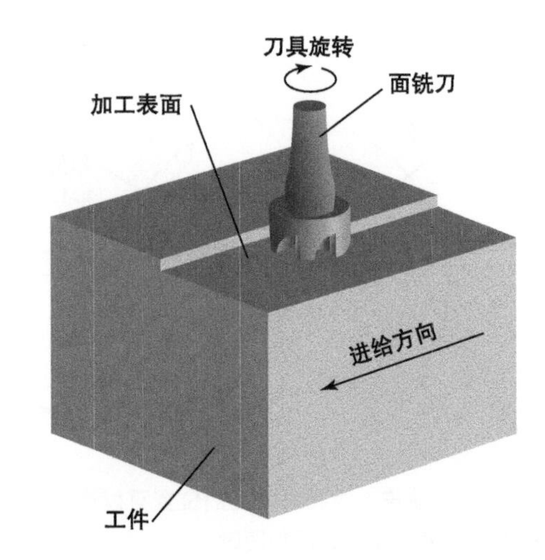

图 3-31 面铣

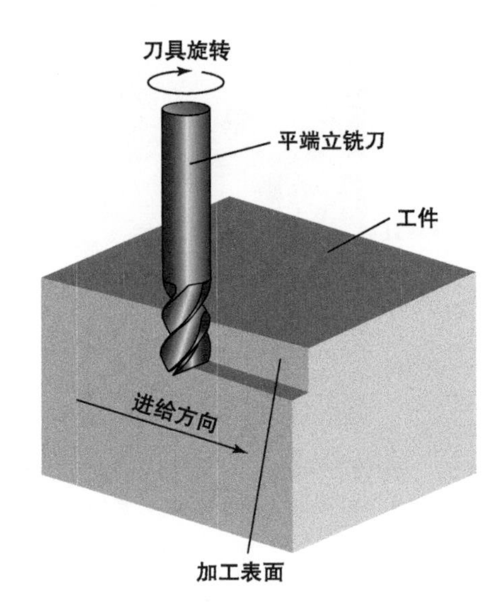

图 3-32 周铣

周铣时，根据刀具旋转方向和进给方向的关系分为两种情况。逆铣是工件的进给方向与刀具的旋转方向相反，顺铣是工件进给方向和刀具的旋转方向相同。图

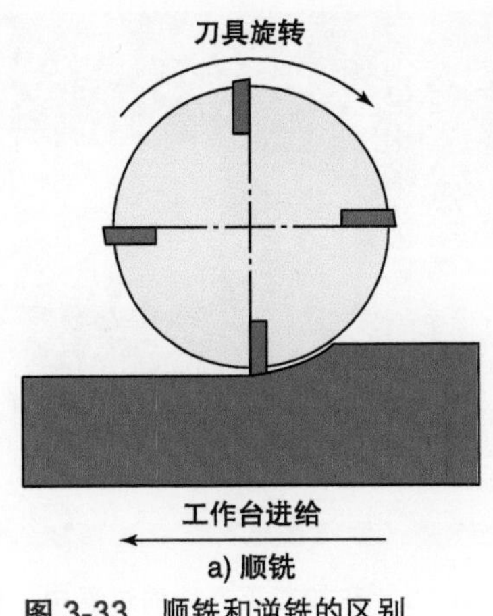

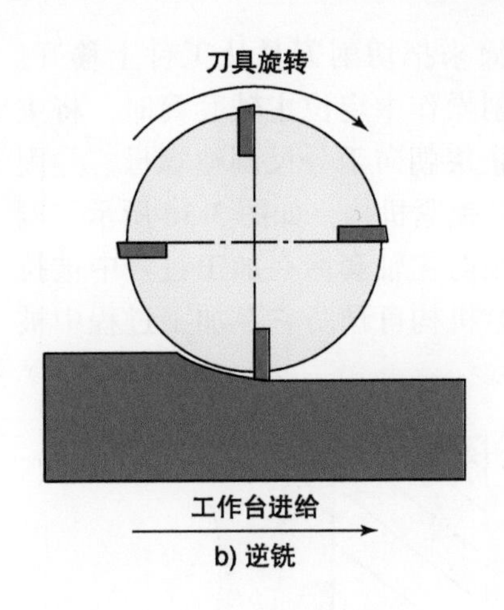

图 3-33　顺铣和逆铣的区别

3-33 所示为顺铣和逆铣的区别。

逆铣是一种通常用于立式铣床上的加工方法，它提供了一种安全措施，因为刀具有从工件上被推离的趋势，所以要有恒定的进给压力来使切削继续下去。逆铣的缺点是表面不像期望的那么光滑。顺铣应该仅用于一定条件下的立式铣床上，因为工件被不可控地拉向刀具并引起刀具破坏和工件损坏。顺铣的一个优势是当正确操作时能够提供一个比逆铣更光滑的表面。因此可先用逆铣深切削粗加工表面，再用顺铣浅切削（小于 0.010in）来达到最终尺寸并生成一个更光滑的表面。通常用较大的切削深度来逆铣粗加工表面，直到比最终尺寸大 0.005~0.010in。

3.8　加工正方体块

在铣床上常见的操作是把工件加工成正方体，即加工一个工件互相垂直的边并使相对面相互平行。这经常是在工件上完成的第一个操作，并且是在要求的公差内加工额外的零件特性所要求的。

在开始前，先花几分钟检查一下机床铣头和铣削虎钳是否对齐，如果铣头没有用调整装置调整，虎钳没有对齐，就不可能生成一个“正方形”块。平面铣刀、圆筒形立铣刀或飞刀经常用于加工正方块。小工件可用立铣刀的前端加工而成，如果实际条件允许，选择一把直径大于块的最大平面宽度的刀具。在安装好合适的铣削刀具以后，计算并设定合适的主轴速度和进给速度（如果自动进给可以使用）。

工件的最大平面应该最先被加工，以生成一个平的参考平面，这个平面可以用来定位工件，以加工其他平面。当加工块的其他面时，使用最大平面定位可使所有机构误差降到最小。如果使用较小的平面来定位切削一个较大的平面，将会使所有的机构误差叠加。

3.8.1　铣削面 *A*

把工件块安装在虎钳上，使最大的平面朝上，加工后该平面就可以称为 *A*。可用一个平行块或者其他合适的设置块来抬高块的上表面，使其高于虎钳爪。确认虎钳和平行块干净，没有毛边和碎片。尽可能低地在虎钳上安装工件，避免留过多的余量高于虎钳爪（见图 3-34）。在活动钳爪和工件之间放置一个小直径棒，这样靠着固定爪的面就会牢固地夹紧（见图 3-35）。拧紧虎钳，但是不要用香槟锤敲打它来使零件夹实，因为这能晃动工件表面使其与固定钳爪分开。

主轴套筒伸出越少，机床机构的刚性越好，然而，将主轴套筒降低大约 1in 是有益的。例如在紧急情况下，可以通过升高主轴套筒来把切削刀具从工件上移开。在任何铣削操作中定位主轴套筒时，将主轴套筒停止块朝向千分尺调整螺母，并固定主轴套筒锁紧机构，如图 3-36 所示。调整螺母可预防主轴套筒在加工过程中被拉下来，锁紧机构可预防它在加工过程中被推上去。

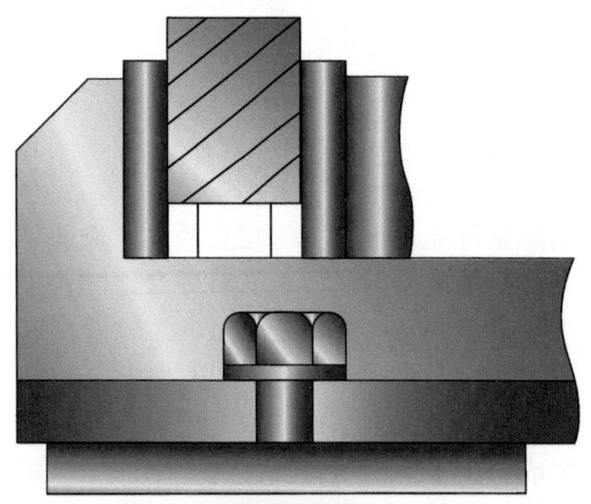

a）正确的安装方式

b）避免出现的安装情况

图 3-34　工件的安装

注　意

永远要在开始任何切削之前固定主轴套筒锁紧机构，否则主轴套筒会不可控地移动，引起刀具破坏或把工件从工件夹持装置上拉下来。

图 3-35　在加工正方块的过程中，加工块的第一个面，在工件和活动钳爪之间放置一个小直径的棒，不要用香槟锤敲打平行面上而夹实工件

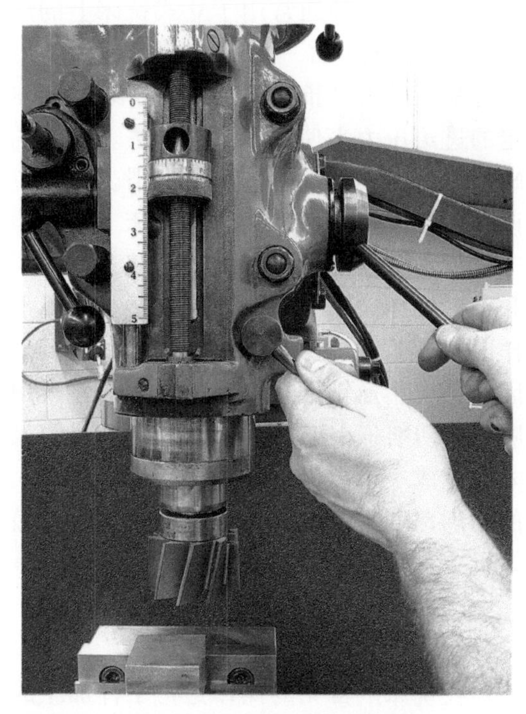

图 3-36　使主轴套筒伸出定位切削刀具时，将主轴套筒停止块靠着调整螺母，并确保主轴套筒锁紧

升高升降台，使铣削刀具距离块的上表面 1/16in 以内，沿 *Y* 轴移动床鞍，使刀具大约位于工件的中心，并锁紧床鞍。移动工作台，使铣刀与块上表面距离约为 1/8in，起动主轴并慢慢升高升降台，直到铣刀和工件刚刚发生接触或刚刚碰到（见图 3-37）。不要用强力推动工件接触刀具，以避免过度的磨损或者使切削刃破碎。移

动工作台使铣刀离工件大约 1/2in。升高升降台来设置切削深度。因为这是第一个平面，只是移除足够的材料以清理整个表面。如果有条件，应用合适的切削液和使用自动进给方式。如果不能使用自动进给方式，需手动进给工作台来进行切削。图 3-38 所示为平面铣削。

图 3-37　使切削刀具靠近工件，离工件上表面约 1/8in，再慢慢升高升降台使其轻微接触

图 3-38　用高速钢圆筒形立铣刀加工块的上表面

如果表面极其不平，粗加工一遍，再精加工一遍，也只能去除 0.020~0.030in。如果加工表面比期望的粗糙，应减小进给速度直到达到一个可以接受的表面粗糙度。当精加工采用小切削深度来改善表面粗糙度时，主轴速度可能也要增加 10%~20%。

颤动和振鸣的噪声意味着主轴速度过高，切屑太过细小说明进给速度太低，切屑太厚说明进给太快。当使用高速钢切削刀具加工钢材时，切屑呈棕色或蓝色也说明进给太快。

3.8.2　铣削面 *B*

第一遍切削后，停止进给，关闭主轴，并从虎钳上取下工件。把工作台回程至起始点，并去除块上的毛刺，把刚加工的面 *A* 靠着虎钳的固定钳爪放置，并在拧紧虎钳之前在活动钳爪和块之间放置小直径棒，这样做允许前表面“浮动”，并确保加工过的面 *A* 平靠着固定钳爪。再用一组平行块保持块高于虎钳爪，如图 3-39 所示。加工整个面，方法同前。这个面称为面 *B*。在切削完成以后，去除块上的毛刺，再用矩尺和塞尺检查 *A*、*B* 面是否成直角（垂直度）。

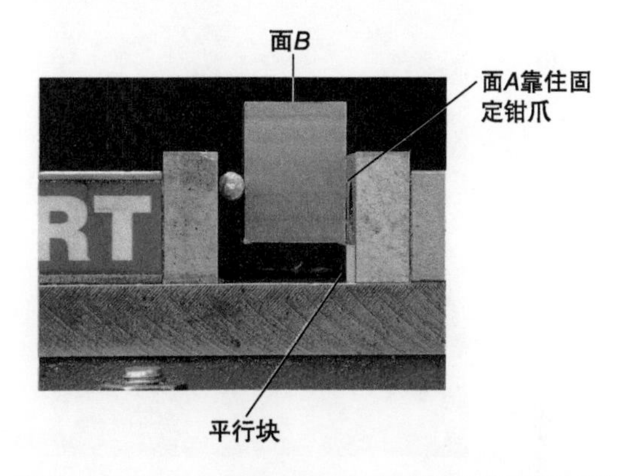

图 3-39　为了平面铣削面 *B*，靠着固定钳爪放置第一个加工的面 *A*，并且棒放在工件和活动钳爪之间，加工完面 *B* 后，检查面 *A* 和面 *B* 是否成直角

3.8.3　铣削面 *C*

把工件夹紧在虎钳上，使面 *A* 再次靠住固定钳爪，面 *B* 朝下放在平行块上。在可活动钳爪和块之间和之前一样使用一根棒（见图 3-40）。用和之前相同的步骤铣削第三个面，完成后该面称为面 *C*。卸下工件后去除块上的毛刺，检查面 *B* 和面 *C* 的平行度，用千分尺在靠近四个角处测量，如图 3-41 所示。这也是一个检查面 *A* 和面

C 成直角的好方法。

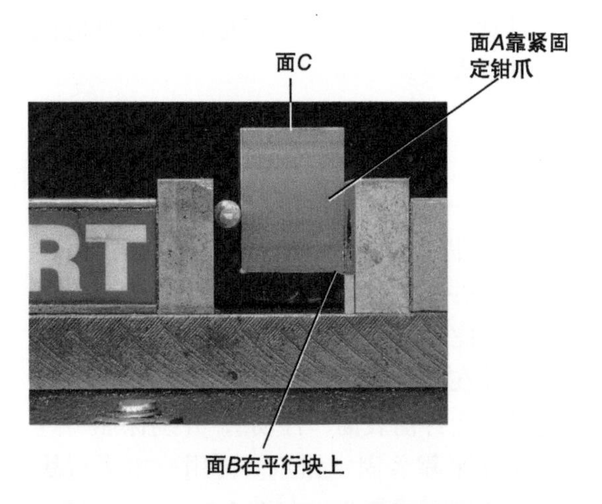

图 3-40　加工面 *C*，靠住固定钳爪放置面 *A*，面 *B* 朝下放在平行块上，棒在活动钳爪和工件之间

3.8.4　铣削面 *D*

铣削块的第四个面时，面 *A* 朝下放置在平行块上，面 *B* 和面 *C* 靠住虎钳爪，这一步不用小直径棒，而是用香槟锤敲打虎钳，把块夹实在虎钳上，并检查平行块是否压紧。如果两个平行块都被压紧，说明三个已加工表面彼此之间成直角，或许误差在 0.001in 以内（见图 3-42）。

铣削该面后生成面 *D*。用千分尺在靠近四个角处测量，检查面 *A* 和面 *D* 的平行度。现在就可以将面 *A* 和面 *D* 铣削至期望的尺寸。尽可能在工件仍然安装在虎钳上并且不需要移动主轴套筒时测量工件，这

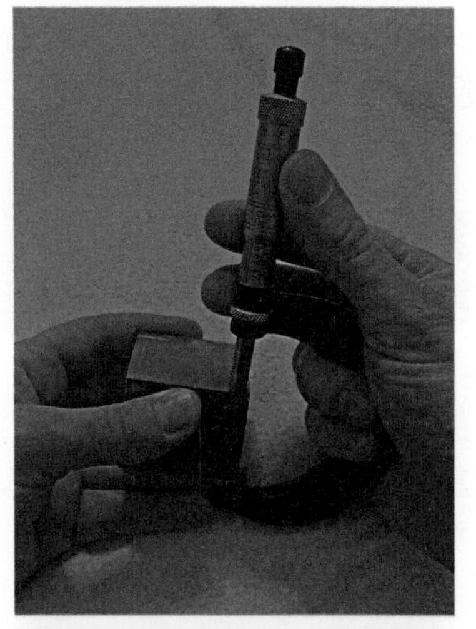

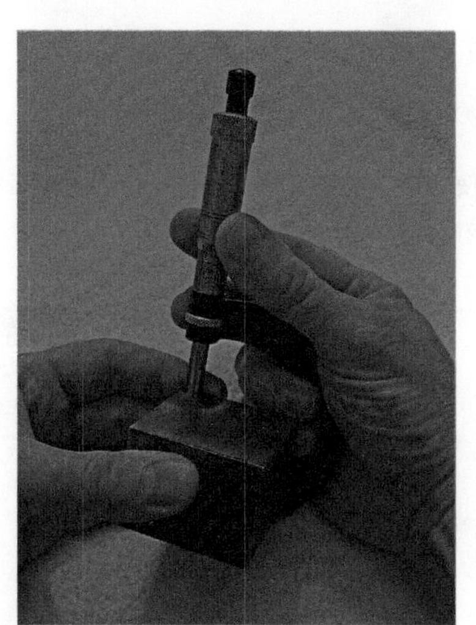

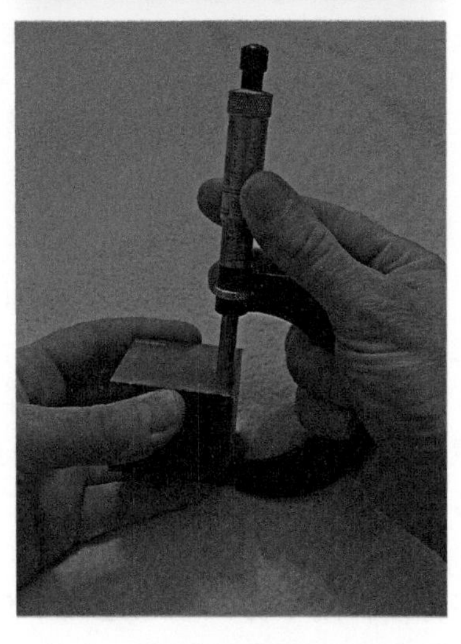

图 3-41　检查面 *B* 和面 *C* 的平行度，用千分尺在靠近四个角处测量

样可保持加工面和铣削刀具的前端在同一个平面上，从而消除了由重定位工件或铣削刀具造成的机构误差。再将块重定位在平行块上，并用香槟锤夹实在虎钳上，面 *B* 和面 *C* 的尺寸即可铣削完成。

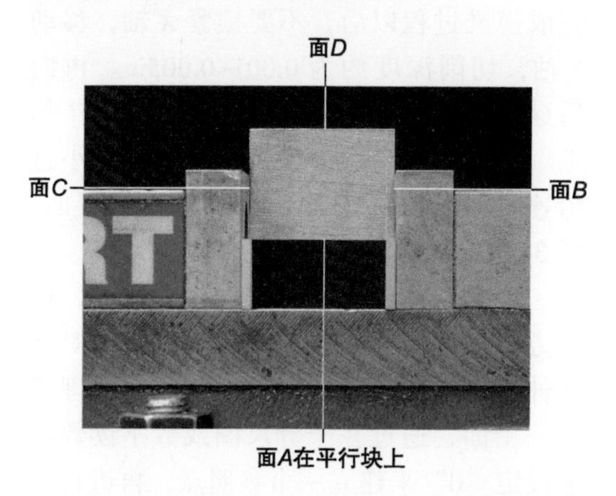

图 3-42　加工面 *D*，朝下放置面 *A* 在平行块上，面 *B* 和面 *C* 靠住虎钳爪。不要使用小直径棒，把零件放在平行块上用一把香槟锤夹实，在端面铣削以后，检查面 *A* 和面 *D* 的平行度

3.8.5　铣削面 *E* 和面 *F*

在四个面已经被铣削成方形和平行面后，用两种方法中的一种把剩余的面加工成方形。将块宽松地安装在虎钳上，一端朝上，再把一个实心梁矩尺放置在虎钳的底部，工件的一面和矩尺边对齐，夹紧以后，用塞尺检查工件竖直面和矩尺边之间的间隙（见图 3-43）。然后用相同的端面铣削步骤进行铣削。铣削完成后，把块从虎钳上移开，去除毛刺，并检查垂直度。加工过的端面可以朝下放置在虎钳上，并放在平行块上，再加工相对的端面。在铣削至最终尺寸之前，进行一遍清扫加工，检查和工件底面的平行度。再次强调，无论什么时候，测量工件时不要将其从虎钳上移除，以免产生重定位误差。

加工面 *E* 的另一种方法是把块安装在虎钳上，并放在平行块上，使其一端伸出虎钳爪的端面，这样就可用一把立铣刀进行外缘铣削加工（见图 3-44）。立铣刀的切削部分需要稍微大于工件的厚度，并且直径需要足够大，这样它在铣削压力下就不会产生弯曲变形。一个良好的做法是将刀具长度限制在大约为直径的 3 倍。

图 3-43　使用实心梁矩尺和塞尺来定位块，以加工面 *E*

图 3-44　面 *E* 也可用立铣刀加工，同样是安装块在虎钳上，但其一端应超出虎钳爪的端面

把工件安装在虎钳上以后，选择并安装一把合适的立铣刀，计算并设定一个合适的主轴速度和进给速度（如果自动进给可以使用），使用主轴套筒和升降台来竖直定位立铣刀，如图 3-45 所示。记住把主轴套筒停止块靠在千分尺调整螺母上，并锁紧主轴套筒。

图 3-45 定位立铣刀，使其底部超过块的底部，确认出屑槽足够长，跨过要铣削的整个表面

X 轴方向一般用于设置切削深度，Y 轴用于完成铣削过程。逆铣用得最多，顺铣只用于小切削深度的精加工过程。在铣削开始定位立铣刀时请记住这些。图 3-46 所示为一些图解案例，说明如何在逆铣和顺铣时定位立铣刀

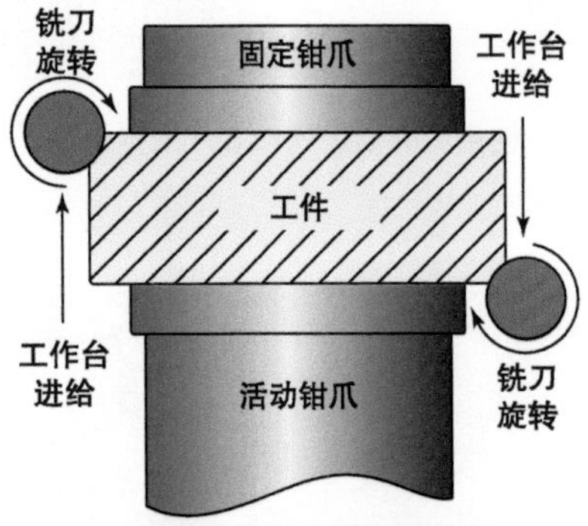

a）在虎钳每侧逆铣的进给方向

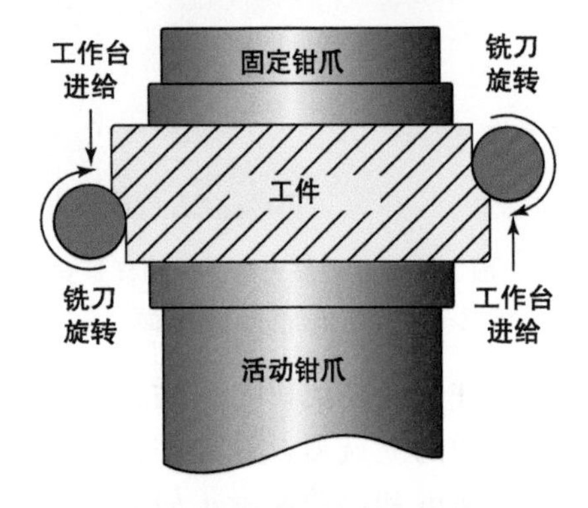

b）在虎钳每侧顺铣的进给方向

图 3-46 图解案例

起动主轴，使立铣刀沿 X 轴移动，与工件的边缘发生轻微“碰”刀，使用千分尺圈或数字读数器设置“0”参照。再使立铣刀沿 Y 轴进给而远离工件，设定沿 X 轴的切削深度并锁紧，预防在铣削过程中发生移动。第一个面的加工只需移除足够材料将表面清理干净即可，应用切削液并使用自动进给或手动移动 Y 轴完成切削过程。完成逆铣过程以后，不要锁紧 X 轴，移动 Y 轴，切削深度约为 0.001~0.005in。再向后穿过表面，以更低的速度进行顺铣精加工。请记住轻微的增加主轴速度和减小进给速度都会有利于加工出更光滑的表面，图 3-47 展示了这个方法。

从虎钳上把块取下来并去除毛刺，检查方正度，再把块放在虎钳上，使相对的面伸出虎钳爪，并重复以上过程来清理最后一个面，通过在千分尺圈或数字读数器上设定“0”来建立一个参照点，再进行粗加工，留余量 0.010~0.020in，使用千分尺圈或数字读数器设定切削深度，进行顺铣并再检查尺寸。最后，通过一次逆铣和顺铣来铣削块至期望的最终尺寸。

注 意

如果要去除大量材料，可用粗加工立铣刀铣削至比最终尺寸大约 0.025in，再用一把标准的立铣刀来精加工至最终尺寸。因为这样加工需要换刀，只有在零件加工批量大时才有一定的经济性。否则，使用粗加工立铣刀节省的时间可能无法抵消更换刀具所花费的时间。

当加工多个零件时，使用工件停止装置或虎钳停止装置，能帮助节省时间。这些装置允许将工件从虎钳上取下并重定位在它的初始位置，误差在 0.001~0.002in，图 3-48 所示为一些停止装置的应用的案例。当在钳爪上安装虎钳停止装置时，总是把它安装在固定钳爪上。

每一种方法都有各自的优势和劣势。端面铣削方法允许在整个过程中使用相同的切削刀具而不需要更换，可节省时间。但因为定位块花费的时间较多，所以如果

很多零件需要加工，花的时间就稍微长一点。而且更大的块或许定位起来更困难。当用立铣刀进行外缘铣削时，零件定位相比之下更快、更简单，但是如果使用的是长立铣刀，刀具容易弯曲，无法加工出正方形的表面。另外，较大直径的立铣刀要求较低的 *RPM*，因此会增加加工时间。

a）使用*X*轴（工作台进给）碰刀

b）使用*Y*轴（床鞍进给）把立铣刀移开，使用*X*轴设定切削深度

c）使用*Y*轴逆铣表面

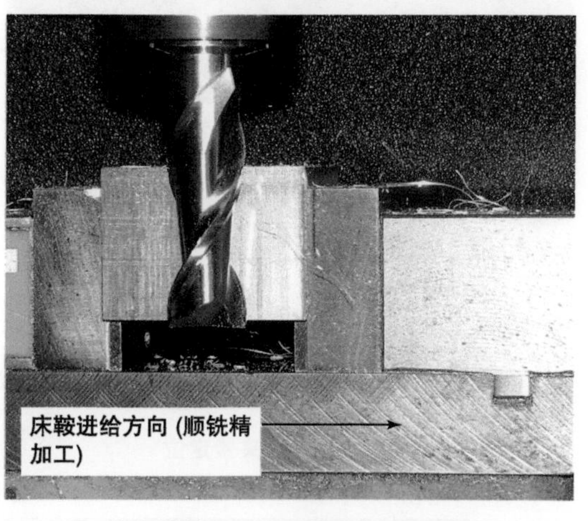

d）顺铣精加工，沿相反方向进给*Y*轴

图 3-47　使用立铣刀外缘铣削加工垂直表面的步骤

图 3-48　两种典型的停止装置，可用于将工件定位在相同的位置，注意虎钳爪停止装置安装在固定钳爪上

3.8.6 使用角板把块加工成正方体

如果块太大而无法在虎钳上装夹，可以将其固定在角板或角块上来完成加工。将角板的垂直平面放在固定钳爪的位置，并用同样的方式旋转块。不需要使用棒，因为这种夹紧装置是将已加工表面靠住角板可实现正确定位（见图 3-49）。为了铣削最后的两个面，使块伸出角板的端部，并用立铣刀完成外表面铣削，或者使用矩尺来对齐块，再端铣这些表面。安装另一块角板，使其和第一块角板垂直，或者在第一块角板面上安装一块小的角板，可代替使用正方形块对齐，并减少准备时间（见图 3-50）。

图 3-49 较大的工件用角板夹紧定位

图 3-50 带侧板的角块可实现工件的快速垂直定位，不需要使用正方形块。用一个夹紧装置夹住工件，使其平行于角板，其他夹紧装置用来平行于侧板固定工件，由此保证两个方向的垂直度

3.9 角度铣削

角度平面铣削有三种基本方法：将工件按一定角度装夹；铣床的铣头成一定角度，或者使用带角度的铣削刀具。每一种方法都是独一无二的，但在绝大多数情况下可以用一些基本方法。

3.9.1 用带角度的刀具铣削

对于小角度平面或斜面，经常使用成角度的刀具加工。当使用倒角铣刀加工指定宽度的斜面时，设定刀具深度，使切削刃跨过整个斜面。用刀具触碰工件的拐角，并用床鞍轴设定切削深度，再进给工作台（见图 3-51）。加工用深度指定的斜面时，用床鞍设定刀具位置，这样倒角铣刀的切削刃就会跨过整个斜面。用升降台和工作台进给设定切削深度（见图 3-52），进行逆铣粗加工，再顺铣生成光滑的表面。图 3-53 所示为用倒角铣刀加工 45° 斜面。

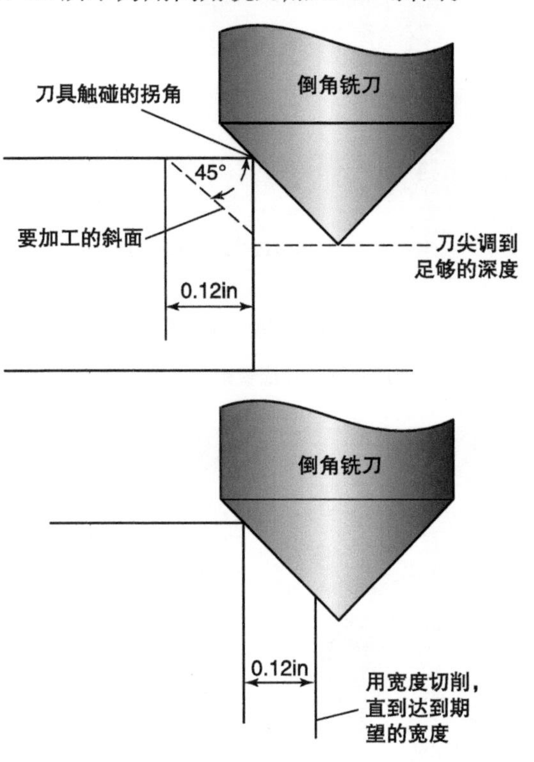

图 3-51 加工指定宽度的斜面，调整刀尖至足够的深度，并通过工作台进给触碰到工件的拐角，再进行切削，直到期望的宽度

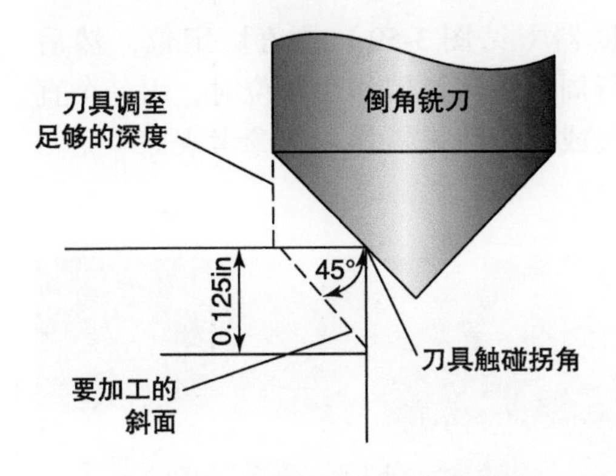

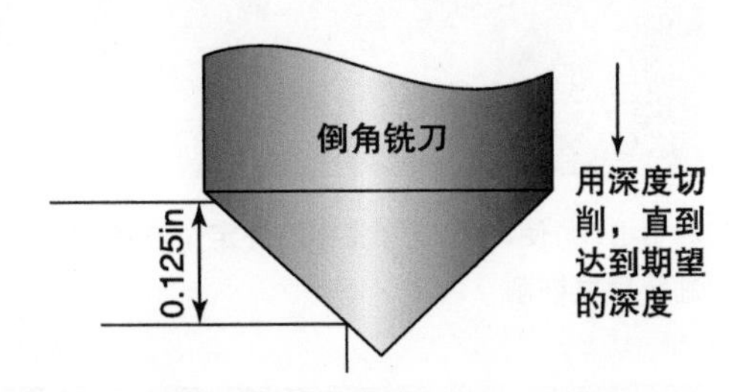

图 3-52　加工指定深度的斜面，设定刀具，使切削刃跨过足够的宽度，并通过升降台进给和工件的拐角触碰，再采用深度切削，通过工作台进给，达到期望的深度

锥形立铣刀经常用于加工斜立面，其相邻面是水平面，如腔体或台阶。最好先用一把标准的立铣刀粗加工斜立面，再用塞尺设定锥形立铣刀的底部高于邻近的底部平面以上 0.005~0.010in，逆铣斜立面比最终尺寸大约 0.005in，降低刀具至轻微触碰邻近的底部表面，再顺铣精加工该斜立面（见图 3-54）。

图 3-53　用一把倒角铣刀铣削一个 45° 斜面

3.9.2　通过定位工件铣削角度

如果没有刀具可用于铣削要求的角度，或者成角度的表面太大不能使用有角度的切削刀具，可以将工件定位在期望的角度并使用端铣或周铣方法来加工完成。

1. 在工件夹持装置上定位工件

加工一条成角度的区域线时，将工件轻轻地夹紧在虎钳上，或靠住角板，再用一个表面量规来平行定位区域线，如图 3-55 所示。定位以后，夹紧工件并铣削区域线。这种方法只适用于大致定位，或者公差为 1/64in 或更大。

一种快速加工角度为 1°~2° 的斜面的

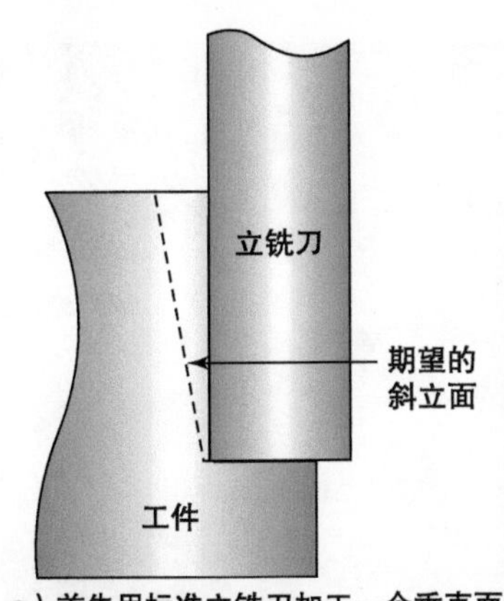

a）首先用标准立铣刀加工一个垂直面

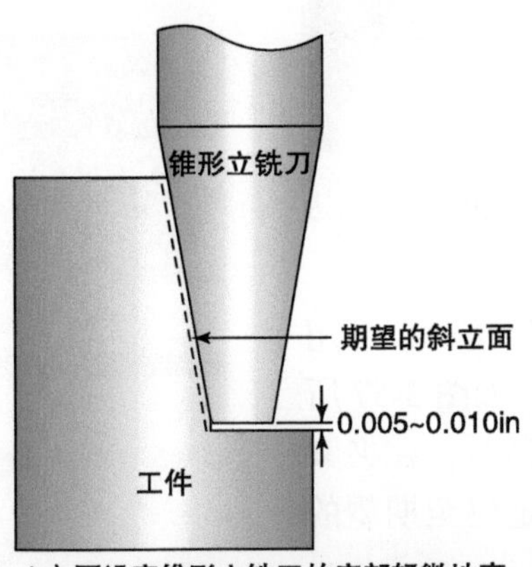

b）再设定锥形立铣刀的底部轻微地高于底面，并粗加工立面至接近最终尺寸，这样就会在靠近立面的底部留有一块小平面

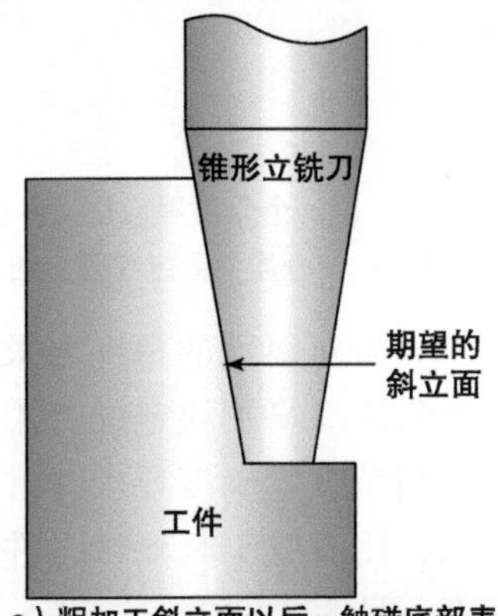

c）粗加工斜立面以后，触碰底部表面，再移动至期望的尺寸并顺铣至最终的尺寸

图 3-54　用锥形立铣刀加工斜立面

方法是使用一个分度器把工件定位在虎钳上或靠住角板（见图 3-56）。

图 3-55　用一个表面量规定位工件至一条区域线，然后加工出成角度的表面

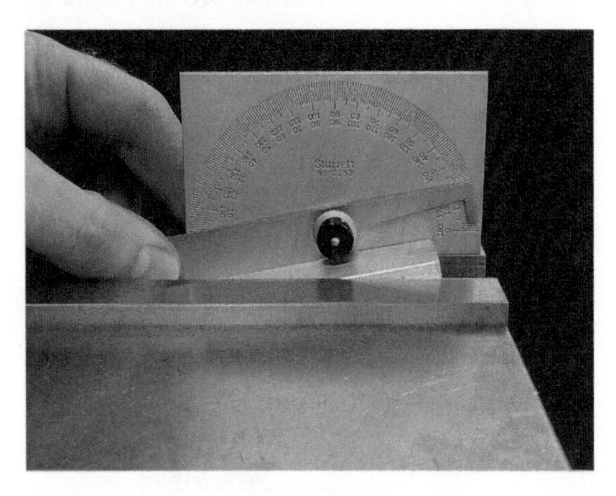

图 3-56　用一个分度器定位工件在虎钳上，然后进行角度铣削。分度头固定在固定钳爪的顶部

如果对斜面的角度要求很精确，可用一个角块或 V 形块定位工件，如图 3-57 所示。当角度精确度要求非常高时，在夹紧之前，用正弦工具能将工件定位至期望的角度（见图 3-58）。

2. 定位工件夹持装置和大工件

对那些要求直接夹紧的大工件，使用分度器（见图 3-59）或角块定位，然后进行周铣。当使用角块定位时，用一个直角尺或平行块来提供一个参考表面（见图 3-60）。

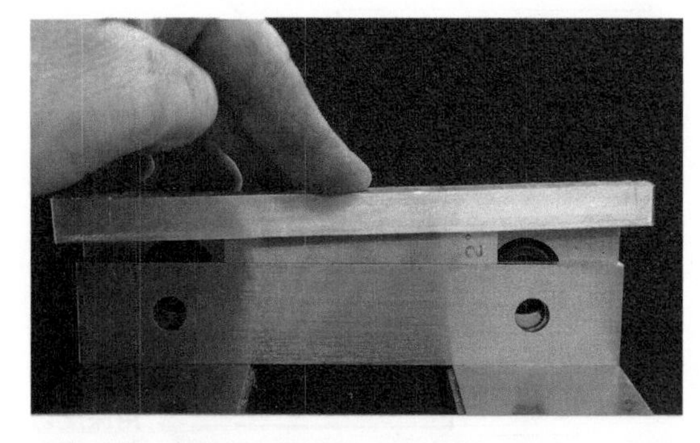

图 3-57　使用一个角块将工件定位在虎钳上，然后进行角度铣削

图 3-58　用正弦规精确定位铣削角度的工件的非常精确定位，在工件夹持到角板上以后，在加工之前移除量块和正弦规，防止在铣削过程中量块被切屑划伤

图 3-59　用铣床工作台的边缘作为参考表面，用分度器对齐大工件

图 3-60　用角块和直角尺定位大工件，直角尺可提供一个和工作台运动相关的参考表面

带回转底座的铣削虎钳也可用于定位工件，周铣带角度表面。松开旋转底座的夹紧螺母，用角度盘对非关键表面进行定位或大致定位。分度器用于在固定钳爪和立式铣床床身上的燕尾之间设定一个角度（见图 3-61）。对于精确的角度要求，用角块或带角块的正弦规靠住固定钳爪固定，并通过移动机床的一个轴指示（见图 3-62）。这些方法都允许使用立铣刀加工成角度的表面，如图 3-63 所示。

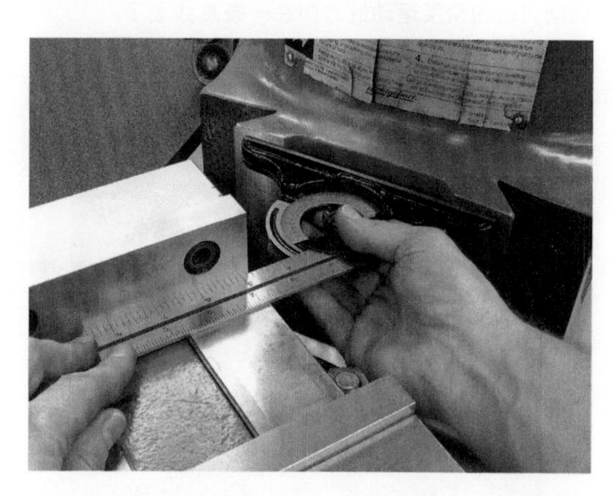

图 3-61　使用升降台燕尾作为参考平面，用分度器设置带回转底座虎钳

可调角度虎钳或角度虎钳也可用于定位工件，完成角度铣削操作。根据设定的角度和工件的形状来选择使用端铣还是周铣。图 3-64 所示为用正弦虎钳定位夹紧工件角度铣削。

图 3-62　靠住虎钳的固定钳爪作为参照，用指示表指示角块角度。工件停止装置可防止角块发生移动

图 3-63　将工件夹持在带回转底座虎钳上，加工成角度的表面

图 3-64　面铣工件上的角度表面，工件固定在正弦虎钳上，虎钳直接夹紧在机床工作台上。注意量块已经从虎钳上移走，从而避免了在铣削过程中沾上切屑

3.9.3　通过倾斜铣头来铣削角度

当铣削大零件的大角度表面时，将立式铣床的铣头倾斜至期望的角度，而不用定位工件。铣头倾斜方位取决于工件的结构。在倾斜铣头之前，一定要对齐转塔，这样悬臂的运动就和床鞍的运动相平行。对于非关键件，可以通过简单地设置转塔分度器至零标记位置来进行对齐调整。对于关键件，要首先通过移动床鞍使角板与 Y 轴平行，再松开转塔夹紧螺栓和悬臂锁紧螺栓。移动悬臂使千分表横穿角板，在此过程中，调整转塔直到千分表读数为 0（见图 3-65），锁紧转塔夹紧螺栓，把悬臂定位在期望的位置并锁紧悬臂锁紧螺栓。至此，可将铣头倾斜来完成角度平面的加工。

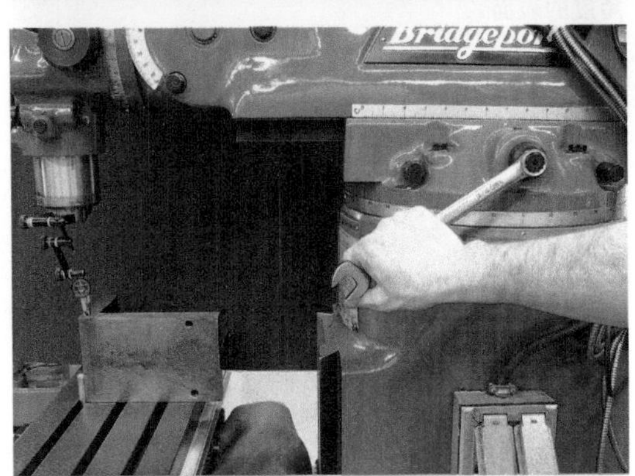

图 3-65　对齐转塔时，通过前后移动悬臂，使千分表穿过角板，调整转塔直到千分表的读数保持不变。在这张图片上，角板用铣床工作台上的 T 形槽里的销钉对齐

当倾斜铣头时，系统上的分度器可用于非关键件或大致的定位。使主轴套筒伸出并用分度器检查工作台表面和主轴套筒之间的角度也可以使用角块。通过靠住直角尺、角板或虎钳固定钳爪来固定分度器，保持分度器或角块与角度运动的方向平行，以防误差产生（见图 3-66）。角块或正弦规也可以和千分表一起用于非常准确地设定期望的角度。把角块或正弦规固定在虎钳上或靠住角板，再将千分表安装在主轴上，通过移动主轴套筒来带动千分表穿过角度的表面。调整铣头直至穿过整个表面时千分表的读数为“0”（见图 3-67）。

图 3-66　分度器靠住主轴套筒固定，用于检查铣床铣头的角度设定。靠住虎钳固定钳爪固定分度器，切削刃就和角度运动的方向在一条直线上了

图 3-67　通过移动主轴套筒来带动千分表，当穿过量块时千分表的读数为“0”，角度设定就是正确的

同理，采用面还是周铣铣完成，取决于工件的形状（见图 3-68）。

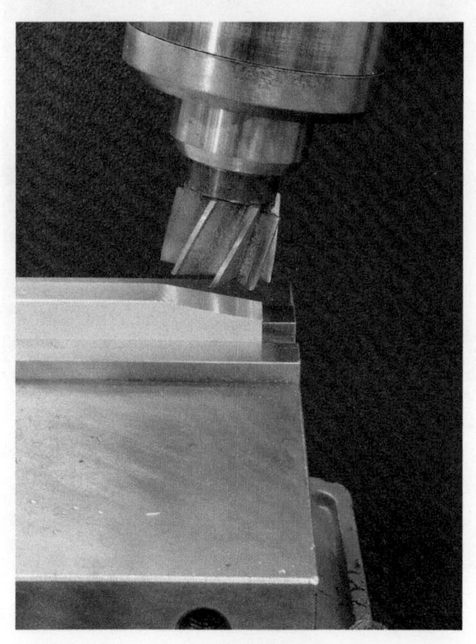

a）面铣完成

b）周铣完成

图 3-68 将铣头倾斜至期望的角度后铣削角度表面

注 意

铣头倾斜至期望的角度后，在开始任何铣削操作之前应确认紧固所有的夹紧螺栓。

3.10 铣削台阶、槽和键槽

铣削台阶需要结合面铣和周铣两者，需要在加工过程中考虑两个尺寸而不仅仅是一个。在加工过程中，*X* 轴或 *Y* 轴运动用于定位生成一个尺寸，升降台用于生成另一个尺寸。简单的定位技术也可用于实现在期望的位置加工槽。

3.10.1 基本的台阶铣削

铣削台阶通常使用立铣刀。圆筒形立铣刀可用于粗加工台阶，但是它们通常生成竖直的立面，并且加工后的表面比期望的表面更粗糙。粗加工立铣刀也是一样的。如果选择一把圆筒形立铣刀或粗加工立铣刀用于粗加工，应计划为精加工留下足够的余量，精加工用标准立铣刀。首先，固定工件，选择并安装铣削刀具，并计算和设置合适的主轴 *RPM* 和进给速度（如果自动进给可以使用）。

定位铣削刀具使其端部距离块的上表面大约 1/16in，和面铣一样。使主轴套筒停止块靠在千分尺调整螺母上，并锁紧主轴套筒，假设工作台运动（沿 *X* 轴）用于控制台阶的宽度，移动工作台使刀具距离块上表面大约 1/8in，和面铣时一样。起动主轴并升高升降台，使刀具触碰工件的顶部，再把升降台曲柄上的千分尺调到“0”，至此台阶深度参考设置完成（见图 3-69）。

移动 *X* 轴，使立铣刀离开工件大约 1/4in，升高升降台来设置期望的切削深度并将其锁紧在正确的位置。轻轻移动工作台，使刀具碰到零件的端部，并设定千分尺圈或数字读数器的读数为“0”，至此，台阶宽度参考设置完成（见图 3-70）。再移动床鞍，用立铣刀进行清根，定位刀具以用于逆铣。

通过移动工作台来设定切削宽度并锁紧，再通过升高升降台来设定切削深度并锁

图 3-69 用粗加工立铣刀碰刀来设置台阶深度参考

图 3-70 用粗加工立铣刀碰刀来设置台阶宽度参考

紧。牢记以下关于切削深度和宽度的规定：如果是以立铣刀全直径（或接近全直径）切削，最大切削深度应为刀具直径的一半；如果切削深度超过刀具直径的一半，最大切削宽度应约为刀具直径的 1/4。加注切削液并通过移动床鞍来铣削台阶。移动床鞍至初始定位并重复这些步骤，粗加工台阶至两个台阶尺寸，余量达 0.015~0.020in。移动工作台并升高升降台，对每个表面加工千分之几英寸。停止主轴并检查两个尺寸，再通过调整工作台和升降台来精铣台阶，图 3-71 所示为加工方法与步骤。

a）用立铣刀粗加工台阶面，留余量 0.020in，注意立面的表面粗糙度和拐角斜面

b）用精加工刀具进行第一次“清理”，两个面的切削量约为0.010in。注意台阶两个面之间的倒角

c）采用顺铣进行精加工，台阶两个表面材料切削量约0.003in

图 3-71 台阶的加工方法与步骤

3.10.2 槽铣削

槽的加工方法有很多，应根据槽的形状和方位来选择所用的切削刀具。通常槽按形状分为直壁槽、T 形槽和燕尾槽。

键是可移动的零件，可在轴和齿轮的轮毂或带轮之间传递动力，键槽是在轴上加工的槽，用于固定键。键的形状有正方形、矩形和半圆形，正方形键和矩形键对应于平键槽，半圆形键被称作半圆键，并对应于半圆形键槽。在任何时候，轴上的槽必须与所配键形状一致，图 3-72 所示为平键和半圆键与相应的键槽。

a）平键及相应键槽

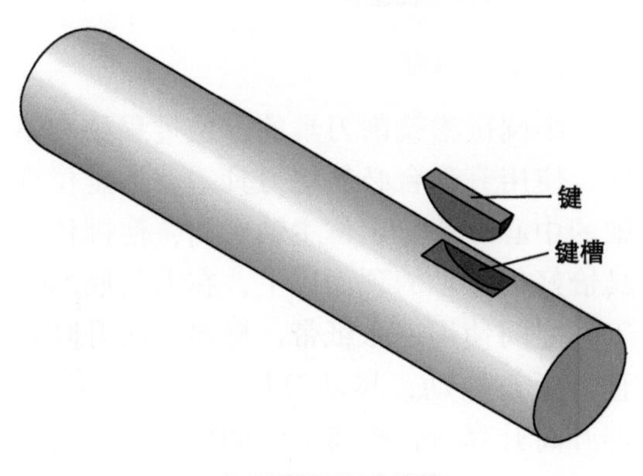

b）半圆键及相应键槽

图 3-72　键和键槽

1. 铣槽和平键槽

开槽加工中，寻边器经常用来将主轴定位在正确的位置。使用寻边器创建一个参考位置，和孔加工操作一样。当使用寻边器在一根轴的中心定位键槽时，确认寻边器的端部低于轴的中心线（见图 3-73），再升高寻边器并移动床鞍或工作台，使主轴处于正确的位置（见图 3-74）。另一种定位方法是在寻边器的位置改用一把铣刀，定位立铣刀时，如图 3-75 所示，轻轻地在立铣刀和工件之间固定住一张纸带，将主轴置于空档并在慢慢移动机床工作台的同时用手旋转主轴。当刀具拉动纸条时，升高刀具，移动刀具，移动距离为纸的厚度、刀具直径的一半、轴直径的一半的和，从而把刀具定位在轴的中心（见图 3-76）。

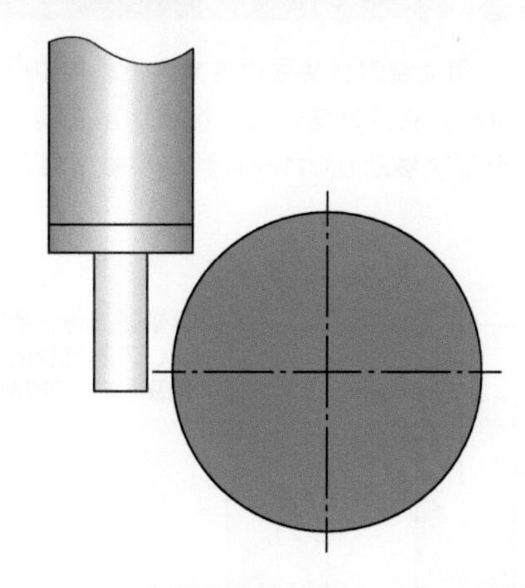

图 3-73　用寻边器碰触轴的边时，确认其端部低于轴的中心线

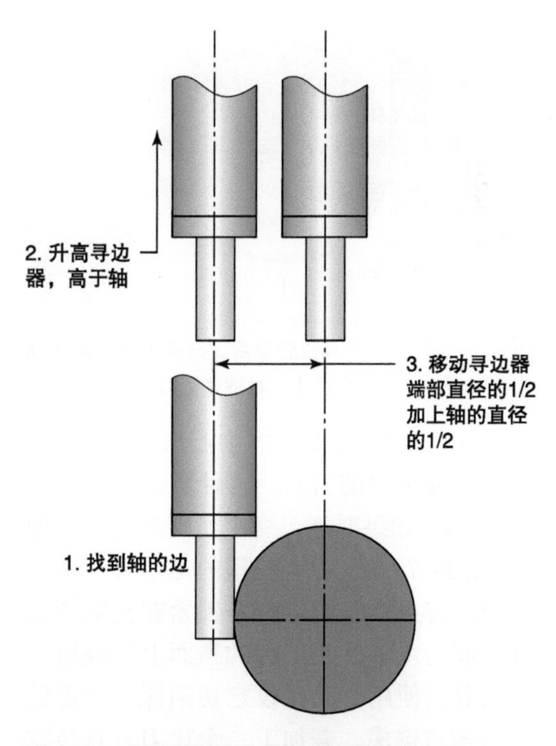

图 3-74　用寻边器将主轴定位在轴的中心

图 3-75　用立铣刀代替寻边器来定位轴的中心。将刀具定位靠近轴的外缘，用手旋转切削刀具，同时使工作台每次移动 0.001in 直到纸带被刀具的切削刃拉着

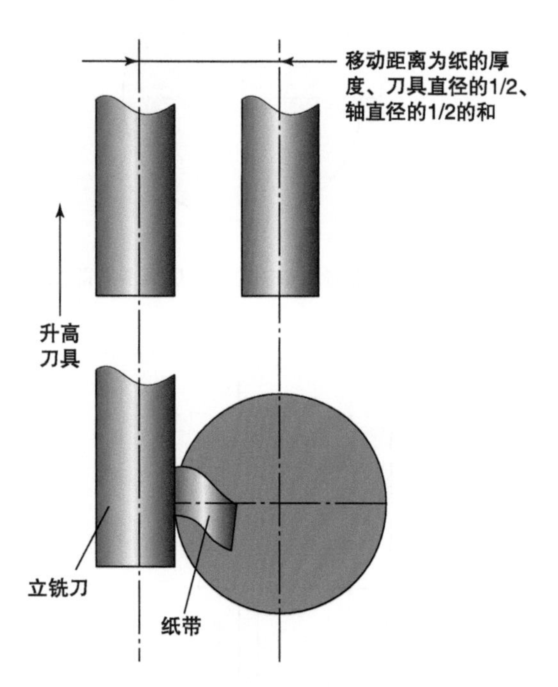

图 3-76　在纸被刀具拉着以后，升高刀具，再移动纸的厚度、刀具直径的 1/2 和轴直径的 1/2

在完成槽或键槽的中心线定位以后，选择并安装切削刀具，再计算并设定主轴的 *RPM*。如果要加工一个封闭的槽或键槽（见图 3-77），请确认使用的是中心切削立铣刀。将主轴套筒定位并锁紧在正确的位置，起动主轴并在工件的顶面上轻轻地碰触刀具，使用升降台设定切削深度并进给铣削槽或键槽。若加工一个比刀具直径宽的槽，则应沿槽的中心线铣削以后再加工槽的两侧（见图 3-78），且粗加工时逆铣，精加工时顺铣。图 3-79 所示为铣削通槽和封闭的平键槽。

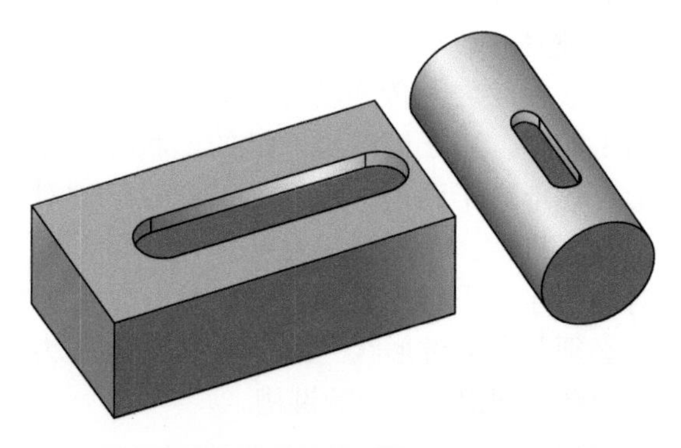

图 3-77　铣削封闭槽或键槽时，请确认使用中心切削立铣刀

加工 T 形槽或燕尾槽时，首先用标准立铣刀加工一个直槽，再换成 T 形槽或燕尾槽铣刀来精加工槽。T 形槽铣刀或燕尾槽铣刀不能用于加工整个槽。当加工 T 形槽或燕尾槽时，应使用足够量的切削液把切屑冲洗出槽。图 3-80 所示为 T 形槽和一个燕尾槽的加工过程。

2. 铣削半圆键槽

半圆键槽铣削刀具的定位过程稍有不同，使用升降台必须将刀具垂直地定位在轴的中心。首先定位主轴套筒，使键槽刀具恰好位于轴的顶面以上，在刀具底部和工件之间使用一张纸带，慢慢升高升降台直到纸被拉动，移动刀具使其远离工件，再升高升降台，距离为纸的厚度、轴的直径的一半、刀具宽度的一半之和，从而将键槽铣刀定位在轴的中心（见图 3-81）。

下一步，需要将刀具中心定位在与轴的端部保持要求的距离的位置，在刀具和工件之间用一张纸带触碰轴的端部，移动刀具，距离为纸的厚度、刀具直径的一半、要求的距离之和，从而定位轴上键槽的中心。将工作台（或床鞍）锁紧在正确的位置，以防发生移动（见图 3-82）。

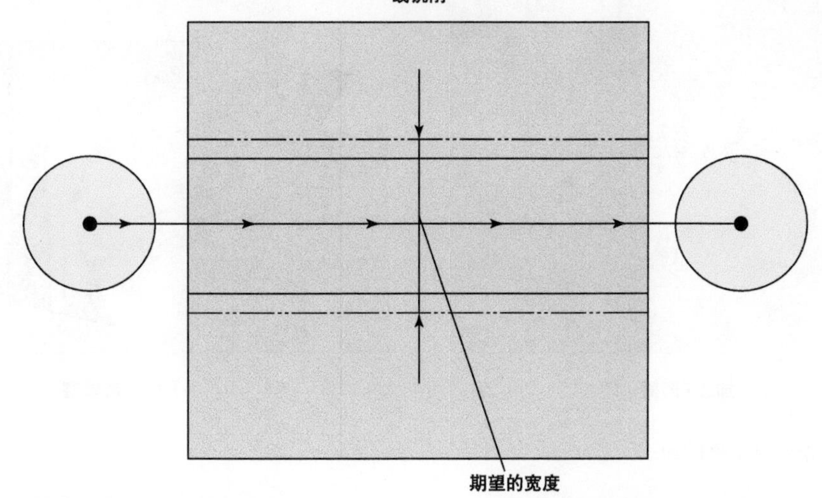

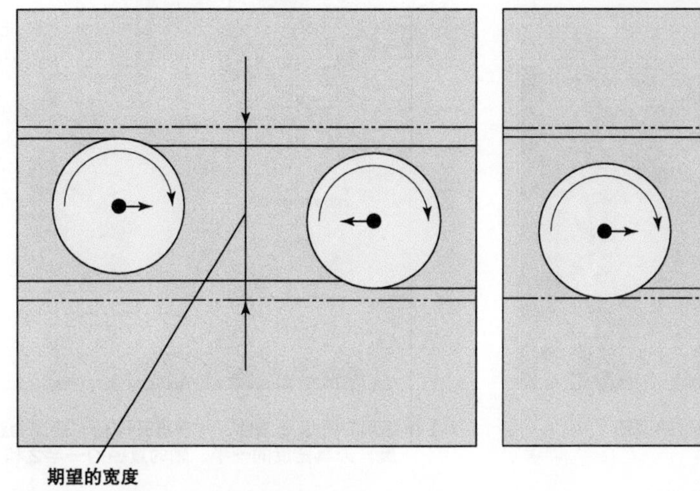

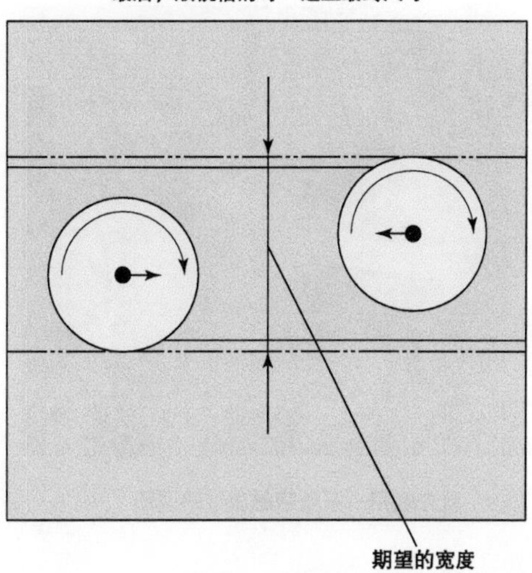

图 3-78　铣削比刀具直径宽的槽

a）铣削通槽

a）铣削封闭的平键槽

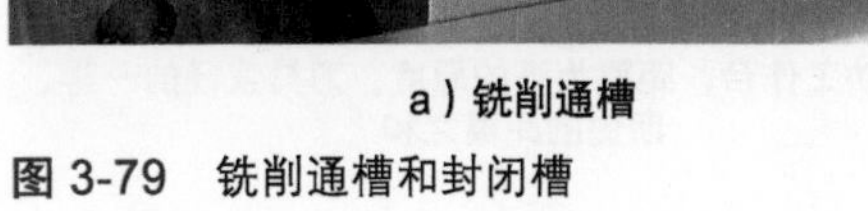

图 3-79　铣削通槽和封闭槽

a）加工T形槽

b）加工燕尾槽

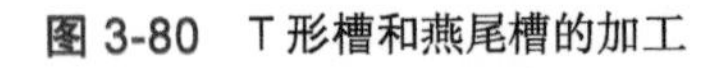

图 3-80　T 形槽和燕尾槽的加工

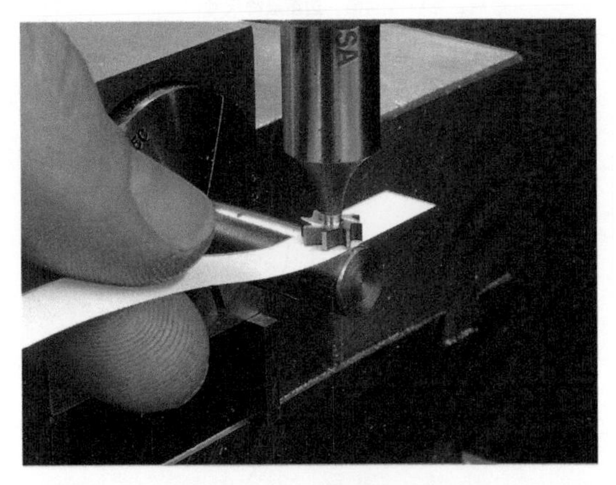

a）首先使用一张纸带触碰轴的顶部

b）再移动刀具远离工件，并升高升降台，距离为纸的厚度，刀具宽度的一半、轴的直径的一半之和

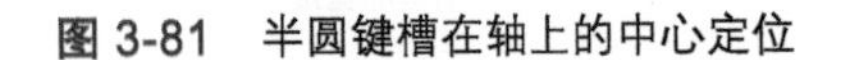

图 3-81　半圆键槽在轴上的中心定位

a）首先用一张纸带触碰轴的端部

b）再移动工作台，距离为纸的厚度、刀具直径的一半、期望的距离之和

图 3-82　半圆键槽在轴长度方向的定位

计算并设定主轴的 *RPM*，用刀具触碰轴的边，再轻轻地进给至期望的键槽深度（见图 3-83）。半圆键槽铣刀易碎，所以应采慢速且稳定的运动来防止刀具破损，并使用足够量的切削液。

3. 使用锯片铣刀进行开槽

锯片铣刀经常用于加工和铣床工作台表面平行的槽，其定位方法与半圆形键槽铣刀的定位方法相同，通过触碰工件的顶部，再升高升降台来将刀具定位在期望的位置。通过沿 *X* 轴移动来碰触工件的边，设定切削深度，再沿 *Y* 轴进给进行切削。当所用锯片铣刀直径比主轴套筒直径大时，或许需要降低速度以消除振动。应用大量的切削液从切削区域清理切屑，以防缠绕在一起。图 3-84 所示为用安装在刀杆上的锯片铣刀铣削槽。

a）正在加工一个半圆键槽

b）加工完的键槽

图 3-83　加工半圆键槽

图 3-84　用一把用短杆安装的锯片铣刀铣削窄槽

3.11　铣削半径

外半径可用圆角铣刀或凹面铣刀来铣削，内半径（圆角）可用球头立铣刀、外半径（圆角）立铣刀和凸面铣刀加工。圆角铣刀、凸面铣刀和凹面铣刀的切削速度一般不大，因为刀具和工件之间接触面积大；球头立铣刀和外圆角立铣刀的速度可以选择和标准立铣刀的速度相等。

3.11.1　铣削外半径（圆角）

圆角立铣刀经常用在立式铣床上，但用短杆安装的刀具只在铣削大半径时需要。图 3-85 举例说明圆角加工的方法和步骤。首先，用切削刃上部定位切削刀具，稍微离开切点，用 *X* 轴设定切削深度，用 *Y* 轴进给，进行逆铣。当刀具半径开始把拐角"包裹"起来时，用 0.001~0.002in 的顺铣铣削深度，直到半径与垂直表面相切，再使用升降台进行浅的顺铣过程，直到半径的上边缘和工件的顶面相切。另外一种方法是：首先铣削直到半径的顶部切削刃是相切的，再继续铣削直到下面的半径也是相切的。一把用刀杆安装的圆角铣刀也可以半径朝上安装，用于加工位于工件下边沿的拐角半径（见图 3-86）。

一把凹面铣刀可用于铣削最大 180° 圆弧角的外圆弧，（见图 3-87），这些刀具的定位方法与半圆键槽铣刀和锯片铣刀相同。

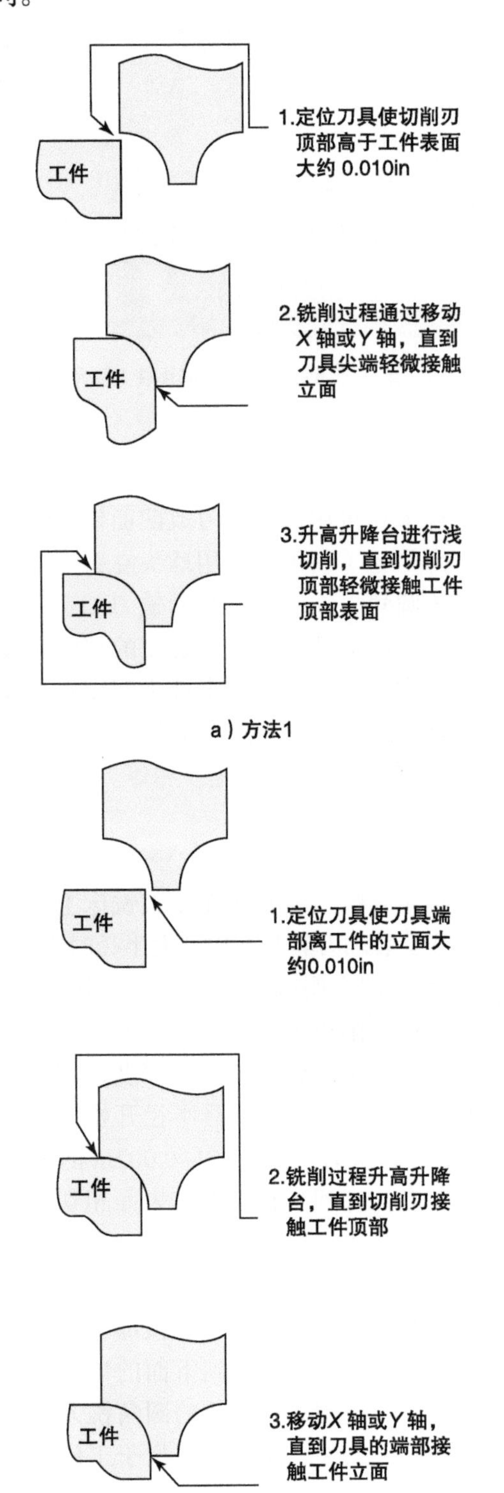

图 3-85 铣削外圆角半径的两种方法

图 3-86 位于工件底部边沿的圆角半径可用短杆安装的圆角铣刀加工

图 3-87 用短杆安装的凹面铣刀加工完整的外半径

3.11.2 铣削内半径（圆角）

球头立铣刀和外圆角立铣刀广泛应用在立式铣床上，用于加工内半径。外圆角立铣刀可用于在 90° 的拐角位置生成圆角，如果台阶是先用粗加工立铣刀或标准立铣刀粗加工而成的，请确认留下比立铣刀的圆角半径尺寸稍微大的余量。例如，当使用一把 1/16in 圆角半径的外圆角立铣刀时，在竖直的面或者邻近的水平表面留下大约 0.070in 的余量。换个说法，应在圆角位置留下 0.070in 台阶的未加工材料，由半径立铣刀去除（见图 3-88）。

球头立铣刀也可用于加工圆角半径。此外，如果台阶先用粗加工立铣刀或标准立铣刀加工，请确认在拐角位置为球头立铣刀的圆弧留下足够的余量。请记住加工水平表面的尖端是一个完整的圆弧，没有平段。因此，当用一把球头立铣刀精加工圆角时，需要若干只有 0.001~0.005in 的行距，以生成一个光滑的水平面（见图 3-89）。

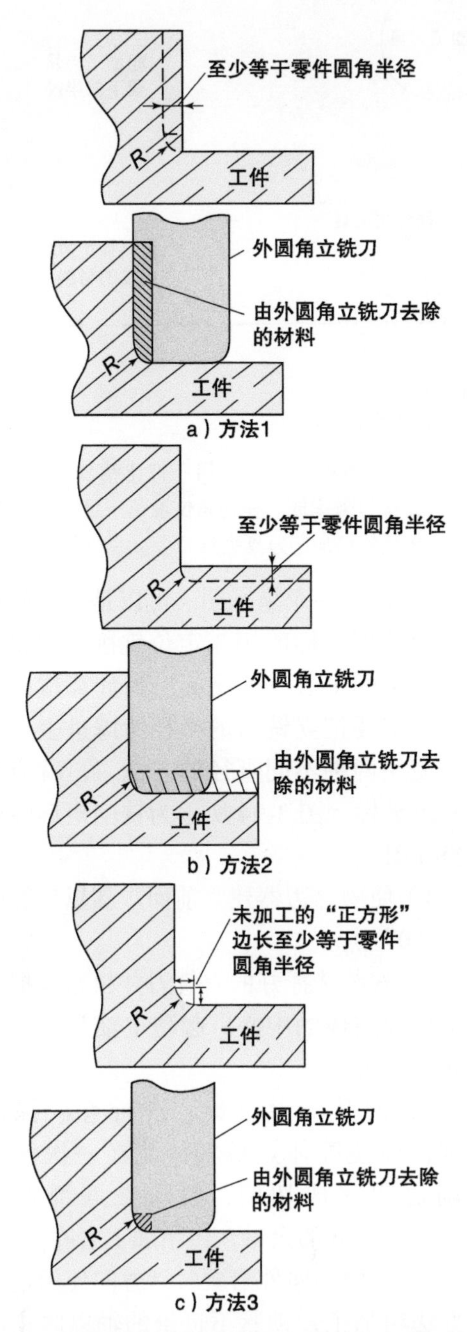

图 3-88　在加工圆角之前粗加工一个内拐角所用的三种不同的方法。不管在什么情况下，请确认为刀具圆弧留下了足够的材料，然后用一把外圆角立铣刀就可以完成加工

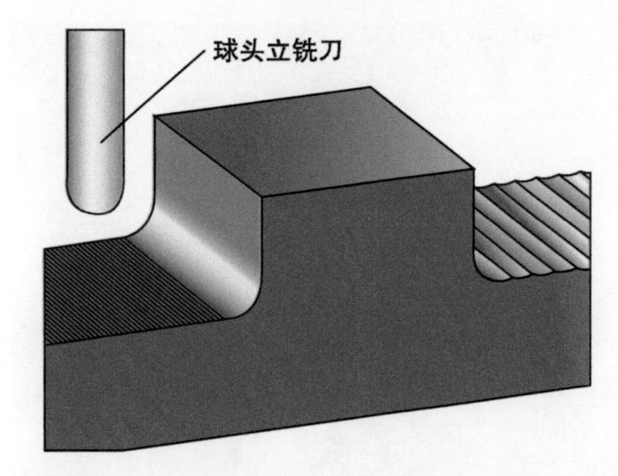

图 3-89　当用球头立铣刀加工圆角（左）时，使用小的行距，以免在水平表面的显而易见的“台阶”（右）

球头立铣刀也可用于铣削完整圆弧槽或球形的凹坑，如图 3-90 所示。

a）用球头铣刀铣削完整圆弧槽

b）用球头铣刀加工球形凹坑

图 3-90　用球头立铣刀加工完整圆弧槽和球形凹坑

凸面铣刀也可用于铣削完整圆弧槽，如图 3-91 所示，其定位方法与凹形铣刀相同。

图 3-91 用凸面铣刀加工完整圆弧槽

3.12 腔体铣削

腔体是在工件加工而成的内部零件特征。一个开放的腔体至少穿透工件的一个表面，而一个封闭的腔体则完全地包含在工件的外表面以内。图 3-92 所示为开放的和封闭的腔体例子。矩形腔体能在立式铣床上加工，腔体的定位和尺寸可以通过千分尺圈和数字读数器监控工作台和床鞍的运动来控制，深度通常是通过升降台来控制的。按照以下步骤加工一个矩形腔体：

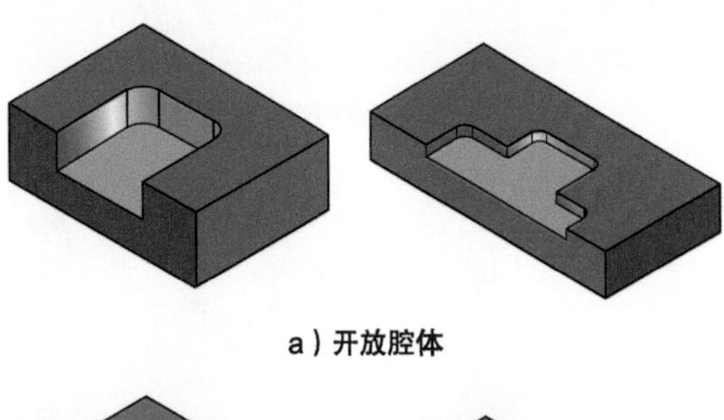

a）开放腔体

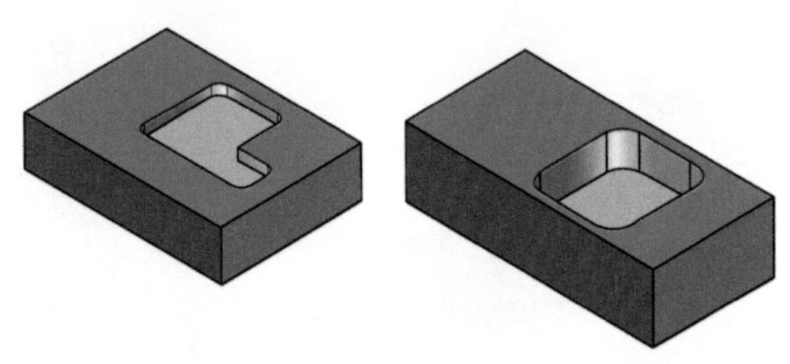

b）封闭腔体

图 3-92 能在立式铣床上加工的开放腔体和封闭腔体

1）首先，根据指定的腔体拐角圆弧确定立铣刀的直径。如果用不同直径的立铣刀来精加工和粗加工，粗加工时用大直径的刀具，这样余量可以用小直径刀具加工（见图 3-93）。腔体边界的设计也能起到帮助作用，因为它提供了视觉参照。

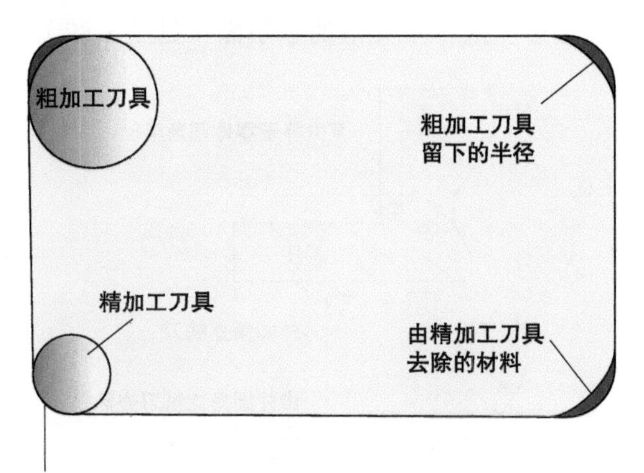

图 3-93 腔体粗加工应该用一把比精加工刀具直径大的立铣刀来完成，在拐角位置留下足够的余量，用更小半径的精加工刀具去除

2）创建一个坐标图。可以是一个简单的手绘草图，标明用于定位铣削刀具的 *X* 轴和 *Y* 轴的中心点的坐标。当计算这些坐标时一定要把立铣刀的半径考虑进去。如果要使用两种不同直径的立铣刀，就应该是两组坐标。图 3-94 所示为铣削矩形腔体的坐标图。

3）使用寻边器建立前面步骤里计算的参照“0”点。

4）安装选择好的立铣刀并粗略地把刀具定位在腔体的中心。起动主轴并触碰工件的上表面。

5）用升降台进给，进行首次深度切削，即使腔体足够浅，能在一次深度切削过程完成切削，也应在底部留下 0.005~0.010in 的余量，由精加工去除。

6）从中心向外沿顺时针方向使用逆铣的方法粗加工，锁紧不进给的轴以防止不需要的运动（见图 3-95）。通过停止在小于坐标图上的每个位置，在腔体的每个立面留下 0.020~0.040in 的余量。如果使用一把

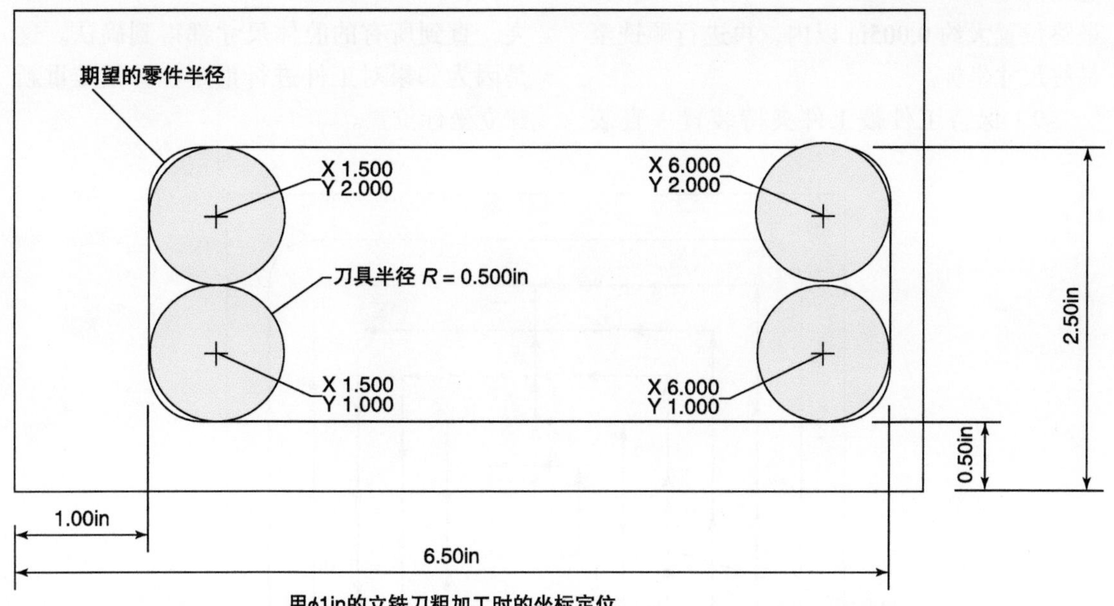

用ϕ1in的立铣刀粗加工时的坐标定位

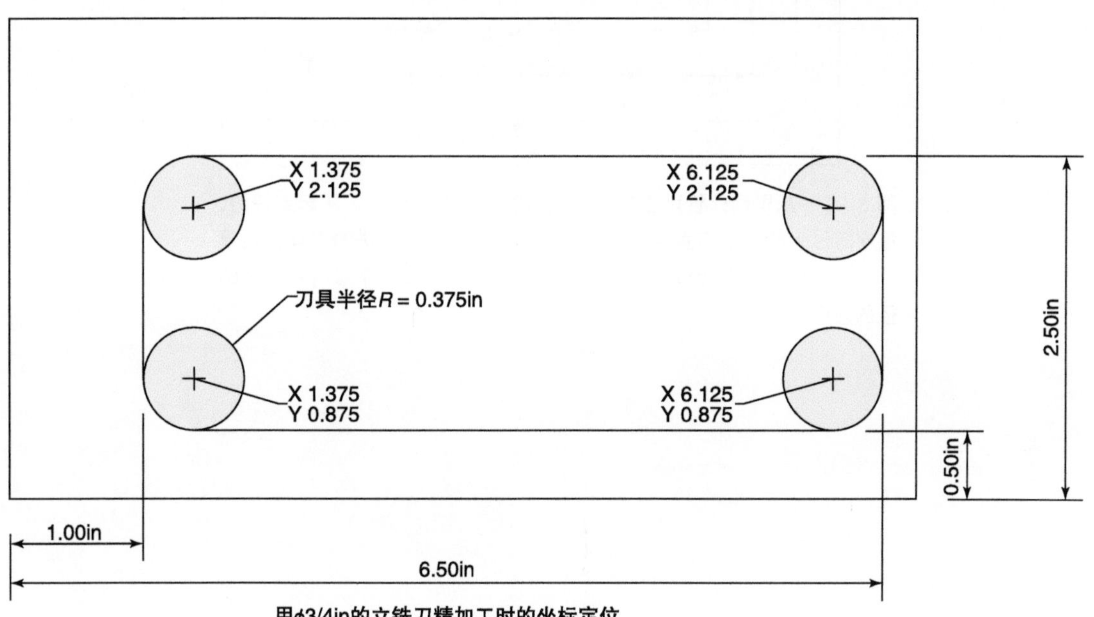

用ϕ3/4in的立铣刀精加工时的坐标定位

图 3-94　铣削矩形腔体的坐标图

粗加工立铣刀，需要在每个立面留下更多的材料，以保证有足够的精加工余量。返回起点并重复粗加工过程，直到离最终深度 0.005~0.010in 以内。

7）绕着外边界的顺铣，去除足够的材料，形成光滑的表面，这些表面可作为尺寸测量基准面。继续保持小于坐标图上的最终坐标 0.020in。从腔体上后退立铣刀并关闭主轴（如果用一把粗加工立铣刀进行粗加工，先切换到精加工刀具，再通过触碰腔体底部重新设置深度并绕着边界顺铣）。

8）测量腔体的深度、尺寸和位置。进给升降台来达到最终的深度，并调整在坐标图上的位置，根据需要调整腔体的尺寸和位置，围绕着边界进行逆铣，直到距离最终位置大约 0.005in 以内，再进行顺铣至最终尺寸坐标。

9）保持工件被工件夹持装置一直装夹，直到所有的腔体尺寸都得到确认。这是因为如果对工件进行重定位，很难重新建立坐标位置。

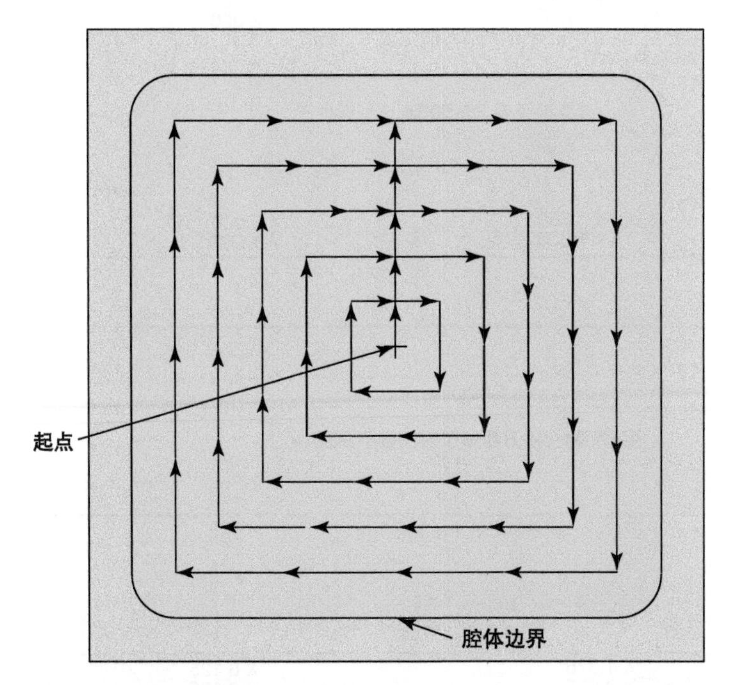

图 3-95　从里到外铣削正方形或矩形腔体的典型模式，从起点开始，每次跨过大约立铣刀直径的一半，并沿着顺时针方向进给刀具，再重复这一过程，每次跨过大约刀具直径的一半，沿着每个顺时针切削路径的前面

分度和回转工作台操作　第4章

4.1　概述

回转工作台和分度头是两种专门的工件夹持装置，它们扩大了铣床的加工能力。这些装置被附加到铣床上，形成所谓的回转轴，因为它们提供了回转运动。回转运动允许工件快速地和精确地旋转至不同的角度位置。当在工件上铣削多个角度表面和沿圆周（称作螺栓分布圆）定位孔时，这些回转装置非常有用。它们也可用于半径、圆和圆弧铣削中。图 4-1 所示为一些用回转工作台和分度头装夹加工的零件。

图 4-1　用回转工作台和分度头装夹加工的零件

4.2　回转工作台的零部件

回转工作台有一个笨重的底座，在底座上面安装有一个圆形工作台。许多回转工作台可水平安装或者竖直安装。工作台上有安装工件用的 T 形槽，工作台和底座之间是通过轴承连接的，允许工作台平稳地、精确地转动。在工作台的外缘有辅助定位的角度刻度。一个手轮连在一组齿轮上，用于旋转工作台，因为齿轮组起减速作用，所以工作台转动一周必须转动手轮若干次，这种齿轮减速结构在定位工作台时，增加了准确度和操控性。回转工作台可被锁紧在位，以防在调整或加工中发生漂移。很多回转工作台上都有一个穿过工作台的中心孔，并且有些回转工作台中心孔内有一个莫氏锥度，可用于安装锥形工件夹持装置。图 4-2 所示为回转工作台的零部件。

图 4-2　回转工作台的零部件

4.3　回转工作台的设置

大多数回转工作台操作要求水平安装，必须用与铣床虎钳相同的方式安装在铣床工作台上。通常要把虎钳移走以腾出足够的空间，而且要确保铣床工作台和回转工作台上都没有毛刺和碎片。通常用 T 形槽和固定虎钳用的相同硬件将回转工作台固定于铣床工作台上。

把回转工作台安装在铣床工作台上以后，下一步是对齐回转工作台的中心线和旋转主轴的中心线，这可以通过铣床轴的手轮来实现。

- 0.0005in 分度值的千分表被固定在卡盘或夹头里，再固定在旋转主轴上，这样它就能和旋转主轴一起转动了。
- 一定要精确对齐回转工作台中心孔和旋转主轴的中心线。为了完成这个操作，把铣床的旋转主轴置于空档，千分表比回转工作台的顶部稍微高一点，用手转动旋转主轴一整圈，同时观察千分表测头和中心孔的关系。调整铣床工作台，直到千分表的测头看起来和工作台的孔转动同心。这一方法仅仅是为了实现工作台的近似对齐。
- 近似对齐旋转主轴和回转工作台以

后，将千分表降低，使其伸入到孔里，再定位千分表使其接触孔的表面，并对千分表进行预加载，再把刻度表盘置零。接着，再次用手转动旋转主轴，注意千分表刻度盘的读数。调整方法与任意千分表的扫掠对齐调整方法（在第 3 章讲到的）相同，把旋转主轴和回转工作台的中心对齐误差调整至 0.0005in 以内。

• 完成对齐后，锁紧 X 轴和 Y 轴，并把千分尺圈读数设定为零和 / 或设定数字读数器读数为零。

注　意

回转工作台通常很重，所以当移动和安装它们时要借助工具，并使用正确的提升方法。

回转工作台上的工件对齐

下一个步骤就是安装工件。因为回转工作台是多用途装置，因此可用于很多不同的场合。下面的步骤涵盖了可能会遇到的一些基本情况。

1. 工件在回转工作台上的角度定向

有时必须在工件上铣削一个局部半径，在这种情况下，回转工作台必须精确地旋转并停止在每次切削的正确位置（见图 4-3）。回转工作台也可用于分度工件，以铣削角度特征或钻孔（见图 4-4）。这时，需要正确定向工件，可借助工作台上的角度标记来进行。

图 4-3　铣削局部半径的回转工作台的设置

首先，旋转回转工作台至期望的角度标记刻度（通常是“0”），接着用目测方法近似地对齐工件，用选择好的夹具把工件松松地夹在回转工作台上，再用千分表对齐工件。如果工件有一个直边，通过移动其中一个铣床工作台轴来沿直边移动千分表，并轻轻敲打工件使它对齐（见图 4-5）。对齐以后，移动工作台的轴后退至“0”位置。如果一个特征的中心点也要求必须定位在回转工作台的中心，可按照下一个描述的步骤操作。

图 4-4　按照圆周阵列钻等距的孔时回转工作台的设置

图 4-5　在回转工作台上对齐工件的直边

2. 把工件置于回转工作台的中心

要铣削的螺栓分布圆或孔的中心也必须和回转工作台中心对齐。对齐时，铣床的 X 轴和 Y 轴必须在“0”参考位置，即旋转主轴和回转工作台同心，然后才能对齐主轴和工件特征的中心。如果工件有一个中心孔或者一个圆形轮廓和要加工的特征是同心的，可用一块千分表扫掠，并用软面锤子轻轻敲打使工件对齐中心（见图 4-6）。不能使用千分表进行扫掠的工件，可通过工件上的十字交叉线和旋转主轴上安装的摆锤或锥形尖端中心寻边器来对齐（见图 4-7）。此时绝对不能通过调整铣床工作台的轴来对齐，因为它已经和回转工作台的中心对齐了，只能移动回转工作台上的工件。一旦工件就位，就要紧固夹紧并重新检查对齐（见图 4-8）。

图 4-6　用千分表对齐回转工作台上的带中心孔的工件

图 4-7　用摆锤来对齐工件上的十字交叉线和回转工作台的中心

图 4-8　工件定位以后，紧固夹紧并重新检查对齐

4.4　回转工作台的操作

工件和回转工作台都被精确定位和工件被正确固定后，就可以开始加工操作了。

4.4.1　用于铣削和钻孔的分度定位

如果仅仅是为了加工方便而使用回转工作台对工件进行分度，必须松开回转工作台的锁紧机构并转动手轮，把回转工作台定位在正确的角度。在开始加工之前，必须重新紧固锁紧机构，以保持其位置不发生变化。

在螺栓分布圆上定位孔时，移动工作台的一个轴，距离等于螺栓分布圆的半径，然后使用回转工作台的角度刻度，通过转动工作台至期望的角度设定来定位。一定要在加工之前锁紧回转工作台使其就位（见图 4-9）。

图 4-9　当钻螺栓分布圆上的孔时，移动一个轴，距离等于半径，再使用回转工作台的角度刻度把工件定位在期望的角度位置

思考以下例子：

【例 1】在 ϕ1.500in 直径的螺栓分布圆上钻 5 个等距的孔。

首先，从原点或（X0，Y0）位置移动一个轴距离为 0.750in。

其次，因为一圈是 360°，已知有 5 个孔，用 360° 除以 5，则 72° 就是每个孔之间的角距。

第一个孔钻在预先设定的回转工作台角度刻度的“0”位置，钻完后松开回转工作台，转动手轮旋转工作台至刻度 72°，锁紧回转工作台，钻第二个孔。依此类推，每次转动 72° 定位孔，钻孔，直到 5 个孔都钻完。

铣削角度时，借助回转工作台的角度刻度功能，用回转工作台将工件旋转至期望的角度。此外，请确认锁紧回转工作台使其就位后，再用铣床工作台的一个轴设置切削位置，并用铣床工作台的另一个轴进给，完成铣削过程（见图 4-10）。

图 4-10　回转工作台可用来将工件定位在期望的角度位置，铣削像平面和槽等特征

4.4.2　铣削外半径和内半径

铣削一个半径时，松开铣床工作台的一个轴的锁紧机构，然后移动工作台，使回转工作台的中心线（旋转轴）偏离刀具。铣削半径时只需偏置铣床工作台的一个轴，偏置量取决于工件的精加工半径尺寸，当需要时还要调整偏置量来补偿刀具半径。当铣削外半径时，加上刀具半径；当铣削内半径时，减去刀具半径；当铣削与工件中心线相同的半径槽时，不用进行刀具半径调整（见图 4-11）。

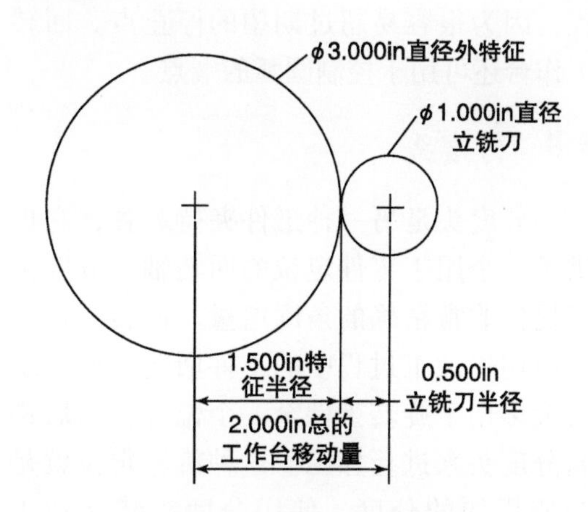

a）铣削外圆特征时的刀具补偿

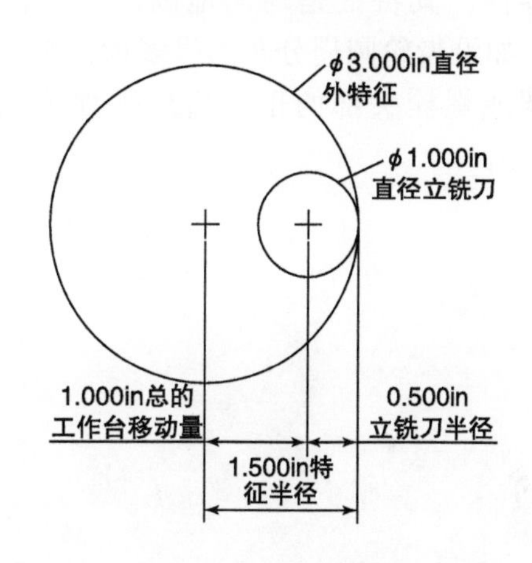

b）铣削内圆特征时的刀具补偿

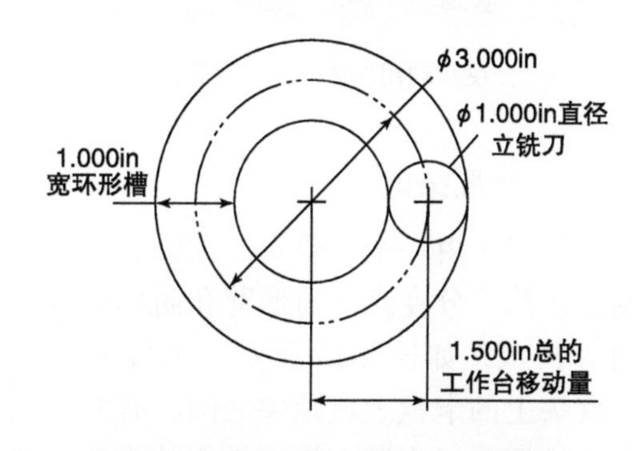

c）当环形槽中心线与工件中心线相同并用和槽宽度相等的刀具加工时，不需要刀具补偿

图 4-11　铣削时的刀具补偿

标准铣削操作的相同规则在使用回转工作台时也适用。记住当使用顺铣方式切削时，旋转工作台时要小心，因为它很容易把工件拉向刀具。如果铣削靠近另一个特征或切线的局部圆弧，要注意刀具的位置，因为很容易超过期望的停止点。回转工作台还可用于控制圆弧的端点。

4.5　分度头

分度头是另一种工件夹持装置，它提供了一个用于零件定位的回转轴。分度头可提供非常精确的角度增量。回转工作台一般用于加工过程中的工件回转，而分度头大多用于旋转工件至一个位置，然后锁紧分度头来进行加工。这种旋转定位就是众所周知的分度。使用分度头装夹加工的零件，其特征是均匀地围绕一个圆分布，如沿齿轮圆周分布的很多齿、螺栓分布圆或螺栓头部的正六边形平面（见图 4-12）。

图 4-12　分度头的用途之一是铣削等距的平面

4.5.1　分度头的零件

分度头由一个齿轮箱、主轴、直接分度盘、简单分度盘、扇形臂和简单分度曲柄等构成，如图 4-13 所示。工件夹持在分度头上的卡盘上或顶尖之间。有些分度头主轴还可以安装夹持工件用的夹头。尾座可用于将工件固定在顶尖之间或支承长工件。

图 4-13　分度头的零件。这个模型在主轴上安装了一个自定心卡盘

4.5.2　分度头的设置

分度头安装在铣床工作台上，与铣削虎钳的固定类似，用 T 形槽金属件固定。很多分度头上都有用于指示的参考平面。在模型中，一根测试棒安装在卡盘或夹头上，并用千分表对齐，如图 4-14 所示。如果使用尾座把工件夹持在顶尖之间，那么尾座和分度头也必须对齐，这样两个中心线就对齐了。用测试棒对齐的操作步骤和在车床上对齐顶尖相似。测试棒安装完成后，最好要检查顶尖的高度是否对齐，这是因为一些尾座有高度调整。

图 4-14　千分表可以被用来对齐分度头

注　意

分度头很重，当移动时要借助于工具或请他人帮助，并使用正确的提升方法和设备。

4.6　分度头的操作

分度头主要有两种类型，一种类型是直接用手转动主轴，并用销钉或柱塞靠住一块有合适分度值的分度板（见图 4-15），利用这种分度头进行分度称为直接分度法。

图 4-15　直接分度法允许直接用手旋转主轴，再用销钉靠住分度盘定位在合适的位置

另一种类型是用手摇曲柄旋转主轴，通过与手摇曲柄相连的齿轮链完成减速。由于大多数分度头的速比为 40 : 1，换句话说，手摇曲柄转动 40 圈主轴才旋转一圈。通过转动手摇曲柄来旋转主轴，然后再把它固定在那个位置，固定好的工件就能被非常可靠地定位在任意的旋转角度。这种分度方法称为简单分度法。有些分度头既可直接分度又可简单分度。

4.6.1　直接分度法

采用直接分度法时，必须选择合适的直接分度盘并将其安装在分度头上。直接分度盘上绕圆周分布有凹槽或者在靠近外缘的圆上有等距的孔，凹槽（或孔）的数量有 24、30 和 36。直接分度盘规格的选择取决于工件上要加工多少等份，即要加工的特征的份数。这些特征可以是螺栓分布圆上的孔，也可以是圆周上要加工的等距的平面或槽。分度盘上的凹槽的数量必须能被需要的份数整除（见图 4-16）。

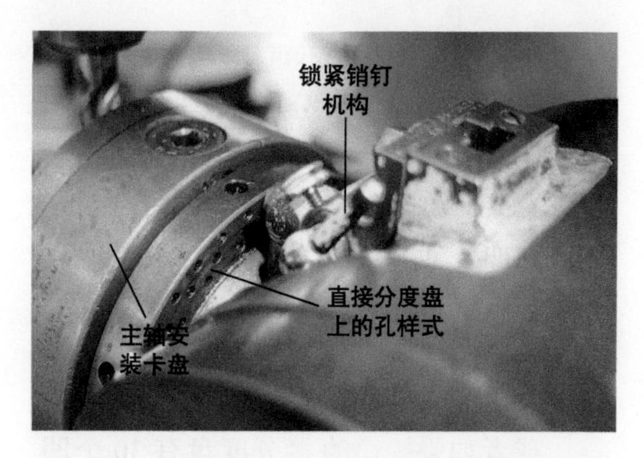

图 4-16　必须选择合适的分度盘和柱塞位置进行直接分度

用下列公式计算并选择正确的分度盘和为定位已知份数需要的凹槽数量：

$$\text{每个等份所需的凹槽数量}=\frac{\text{分度盘上的凹槽数量}}{\text{要求的份数}}$$

比较这个公式和“每小时英里数”，每小时英里数是$\frac{\text{英里数}}{\text{小时}}$，或英里被小时除，“每份凹槽数”是$\frac{\text{凹槽数}}{\text{份数}}$，或凹槽数被份数除。

如果特征之间的间隔是由角度尺寸指定的，先用 360° 除以这个角度尺寸，答案就是公式中要求的份数。

【例 2】 对一个零件进行 6 等分，例如一个零件需要正六边形的平面，以方便使用扳手。

因为 24 能被 6 整除，选择有 24 个凹槽的直接分度盘，当为每一等份定位时，主轴必须旋转 4 个凹槽，因为 24 ÷ 6 =4。

【例 3】 一个零件需要 10 个孔，孔的间隔是 36°（10 等份），使用有 24 个凹槽的直接分度盘时有

$$\frac{24}{10}=2.4$$

因为用 24 个凹槽除以 10 得到 2.4，

所以这个直接分度盘不可用。利用这个有24个凹槽的分度盘可分成8等份（3个凹槽）或者12等份（2个凹槽），但是分度盘不能被正确地锁紧在凹槽之间。

然而，如果一个直接分度盘有20个凹槽，则

$$\frac{20}{10}=2$$

或者如果一个直接分度盘有30个凹槽，则

$$\frac{30}{10}=3$$

这两种分度盘都可以被期望的等份数整除，所以都可以用。用分度盘为每个等份定位时，如果使用20个凹槽的分度盘，主轴就要转2个槽，如果使用30个凹槽的分度盘，主轴就要转3个槽。

一旦选择正确的直接分度盘并安装上，就可以对安装在顶尖之间、自定心卡盘上或夹头（如果能装备）上的工件正确分度。

将工件固定牢固后，锁紧分度盘第一个凹槽，并且在这个位置加工第一个特征。接着，解除分度盘的锁紧，旋转分度盘，使其转过计算得到的凹槽数。不用考虑最初使用的凹槽数。在下一个位置锁紧分度盘并且加工下一个特征，重复这一过程直到加工完成所有的特征。

4.6.2 简单分度法

简单分度法要求旋转手摇曲柄指向分度头主轴，用手摇曲柄端部的销钉把工件固定就位，准备加工。简单分度盘上有一系列圆形阵列的均匀分布的孔，用来测量手摇曲柄旋转的距离。每个圆形阵列都有不同数量的孔（见图4-17）。通过选择正确的分度盘并将曲柄转过正确的距离，就能得到很多等份。借助这种方法能得到比直接分度法更多可能数量的份数，因为孔阵列可以实现曲柄整圈的和局部的精确测量。曲柄端部弹簧加载锁紧销钉和分度盘一起用于将手摇曲柄对齐并固定在期望的孔。

因为曲柄转40圈才带动主轴转1圈，曲柄转动量可用期望的份数除40得到。此外，这些等份可以是螺栓分布圆上的孔，或其他加工在一个圆周的特征，如平面或槽。然后选择一个合适的分度盘精确地旋转要求的整圈或局部圈数。

图4-17 简单分度盘。注意每个圆上有不同数量的等距的孔

实际中可使用下列标准分度盘：

1# 盘：有15、16、17、18、19和20个孔的孔圆；

2# 盘：有21、23、27、29、31和33孔的孔圆；

3# 盘：有37、39、41、43、47和49孔的孔圆。

因为手摇曲柄转40圈才带动主轴转1圈，所以曲柄的转动量可用期望的份数除40来得到。即

$$\frac{40}{D}=T$$

式中 T——手摇曲柄的转动量；

D——期望的份数。

记住，如果特征之间的空间是按照角度尺寸给定的，首先用角度尺寸除360°来得到D值。

【例4】 每隔72°在一个工件的分布圆上钻一个孔。

首先，使用给定的 72° 来确定 D 值：

$$D=\frac{360°}{72°}=5$$

再使用 D 值 5 来计算转数：

$$T=\frac{40}{5}=8$$

需要曲柄转动 8 整圈。

如果不需要转过不到一圈，任意分度盘都能用。安装完分度盘和工件后，把手摇曲柄上的销钉插进任意圆形阵列的起始孔里。曲柄转动 8 整圈，销钉每次都会插入相同的孔里。

用数学公式计算所得的结果不一定总是方便的整数（完整圈数），有时需要曲柄转动不到一圈。

【例 5】 绕工件的圆周加工 50 个槽：

$$T=\frac{40}{D}=\frac{40}{50}=\frac{4}{5}$$

这种情况就是手摇曲柄转过不到一圈，因为答案是一个分数，要加工工件上的每一份，曲柄需要转动$\frac{4}{5}$圈。因此，必须选择一个有能被分母整除孔数的分度盘，成套标准分度盘中的 1# 盘是一种很好的选择，因为它包含两个能被 5 整除的孔圆：15 和 20。两者中任意一个都能使用。对这个例子，假设选择了 15 个孔的圆，这个$\frac{4}{5}$需要转换成一个分母是 15 的分数，$\frac{4}{5}=\frac{12}{15}$，这意味着手摇曲柄要在这个 15 个孔的圆上转过 12 个孔，从而实现在工件上每一等份转动$\frac{4}{5}$圈。

安装有 15 个孔圆的分度盘，并把手摇曲柄上的销钉放到 15 个孔的起始孔里。调整扇形臂使第一个臂靠在曲柄的销钉上，调整第二个臂使其和销钉之间有 12 个孔。不用考虑销钉的起始孔是第几个孔（见图 4-18）。

图 4-18　调整扇形臂以获得正确的孔间距

对工件上的每个等份，转动手摇曲柄，把销钉定位在紧挨着第二个扇形臂的孔里，然后顺时针转动扇形臂，重新设定 12 个孔间距（见图 4-19）。重复这一过程定位工件上的每个等份。

图 4-19　手摇曲柄定位以后，转动扇形臂，重新设定孔间距

【例 6】 在一个工件上进行 23 等分。

由
$$\frac{40}{D}=T$$

得
$$\frac{40}{23}=1\frac{17}{23}$$

在这种情况下，需要曲柄转动一整圈 +17/23 圈。2# 盘是理想选择，因为它包含一个 23 孔的圆，不需要进行分数转换。手摇曲柄转动一整圈，再转过 23 孔圆上的 17 个孔，即$\frac{17}{23}$圈，由此完成工件上每一等份的加工。

安装带有23孔圆的分度盘，并把手摇曲柄上的销钉插进23孔圆的起始孔里。此外，调整扇形臂使第一个臂靠在曲柄的销钉上，调整第二个扇形臂使其与销钉之间有17个孔。记住：不要数前面使用销钉的起始孔。

对工件上的每个等份，旋转曲柄一整圈，然后继续旋转到达第二个扇形臂的孔，并插上销钉。和上一个例子一样，顺时针旋转扇形臂来重新设定17孔的间距。重复这一过程，定位工件上的每个等份。

此外，整数代表定位每个等份时，手摇曲柄转动的整圈数，分数部分代表手摇曲柄需要转过不足一圈的部分。3个标准分度盘中的任意一个都能工作，因为每一个都有一个能被3整除的孔数的圆。假设只有3#盘是可以使用的，它的39个孔能被3整除，所以这个1/3必须要转换成分母是39的分数，即$\frac{1}{3}=\frac{13}{39}$。

【例7】 在一个工件的螺栓分布圆上钻30个等距分布的孔。

由
$$\frac{40}{D}=T$$
得
$$\frac{40}{30}=1\frac{1}{3}$$

在39孔圆上，和前面讲的一样，设定扇形臂在第13个孔，通过转动一整圈加上13个孔来分度工件，从而在工件上为每个等份产生$1\frac{1}{3}$圈。记住在每次分度以后，应旋转扇形臂，重新设定孔间距。

数控铣削介绍

第5章

- 5.1 概述
- 5.2 加工中心的类型
- 5.3 刀具夹持
- 5.4 工艺规程

5.1 概述

在手动铣床上能进行的操作主要是加工平面、直槽和台阶，精确定位孔位置。这类零件特征也能在数控机床上加工而成，但切削速度和精度高得多。因为可以通过编程使 *X* 轴、*Y* 轴和 *Z* 轴同时移动，数控机床还能加工出各种各样的圆弧、轮廓和三维表面（见图 5-1）。

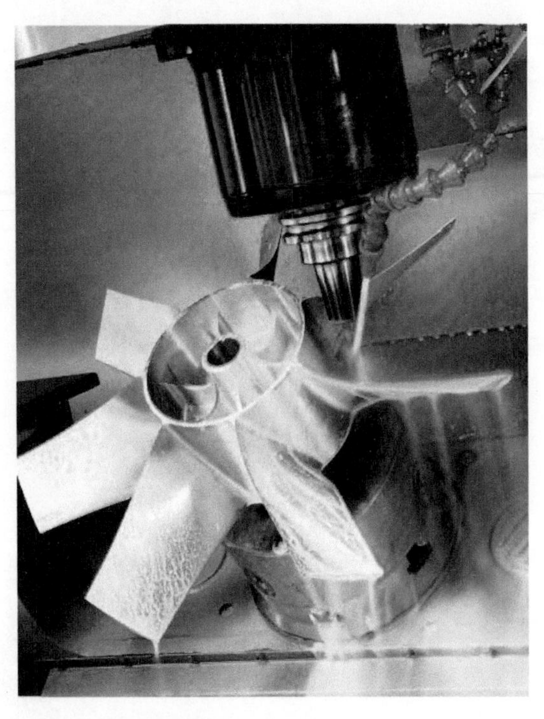

图 5-1 数控铣床能加工出用手动铣床几乎不可能加工出的复杂零件表面

当数控技术最初应用于铣削时，通常使用标准升降台铣床，这种铣床最初就是针对低速 / 小进给手动铣削设计的。当时，这些数控铣床使一些创新性的加工类型成为可能，包括仿形切削、电弧切割、腔槽加工和重复孔加工操作。随着更复杂加工要求的出现，基础型升降台铣床的设计就不再能满足加工需要了。

加工中心是一台配置了一组 ATC（自动换刀装置）的数控铣床。因为加工中心的目标在于高生产率和大材料去除率，并且它们不能手动操作，因此其本身就有一些与众不同的设计特性，使得它们非常适应这些应用。特别设计的床身、立柱和导轨能提供最优的刚度、精度、光滑度和耐磨性。图 5-2 所示为一台立式数控铣床和一台立式加工中心。

5.2 加工中心的类型

加工中心可分为两种主要类型：垂直主轴式（立式）加工中心和水平主轴式（卧式）加工中心。图 5-3 所示为立式加工中心（VMC）。自行比较它与标准升降台立式铣床的配置。

卧式加工中心（HMC）已经受欢迎了好多年，它们的人气在一定程度上取决于工件夹持的多功能性、机床立柱的固有刚性和借助重力将切屑移出加工区域的能力。图 5-4 所示为一台 HMC 的基本结构。

加工中心的结构中，在滑动机床表面上使用了低摩擦导轨，极大地减小了磨损，减少了摩擦（这使得超高速运动成为可能），而且因为使用了零间隙预加载球轴承设计而有非常高的精度。

现代的加工中心技术一直都在发展，机床上有很多以提高生产率为目的的配置。为了获得最大的生产率和最少的操作，加工中心被置于一个制造单元里。在自动化的零件加载和卸载系统的辅助下，制造单元将多台机床组合起来，完成同一零件的各种加工操作（见图 5-5）。

ATC（自动换刀装置）的类型

加工中心的自动换刀装置有两种基本类型。转盘式刀夹换刀装置把刀具存储在一个大的圆盘中。换刀时，转盘里的一个空工具箱向主轴移动并抓紧刀具，主轴松开刀具，*Z* 轴升高，将刀具从主轴上移开。然后转盘转动，将期望的刀具移动到和主轴成一条直线，*Z* 轴降低，将刀具插进主轴。最后，转盘退回至它的最初位置。图 5-6 所示为转盘式自动换刀装置。

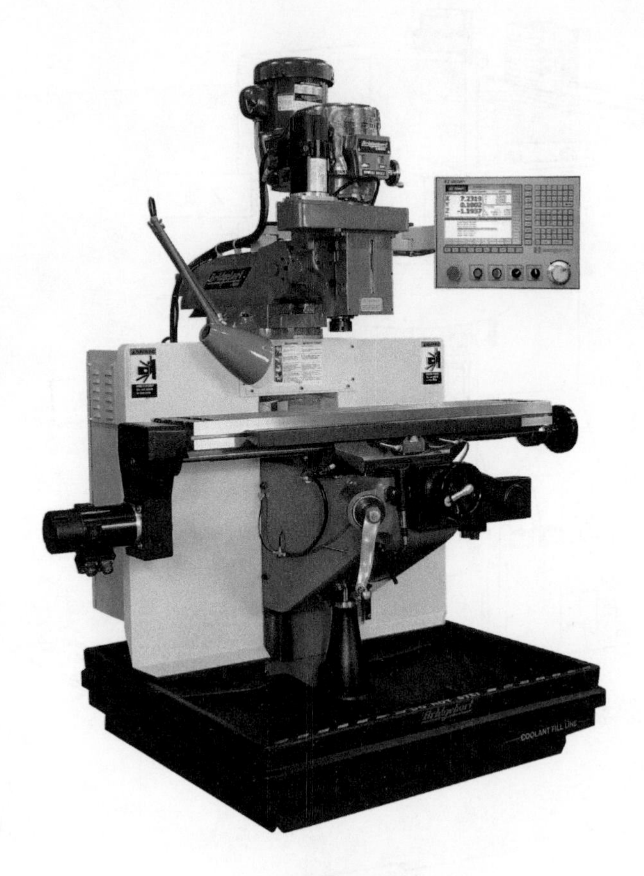

a）立式数控铣床

b）立式加工中心

图 5-2　数控机床实例

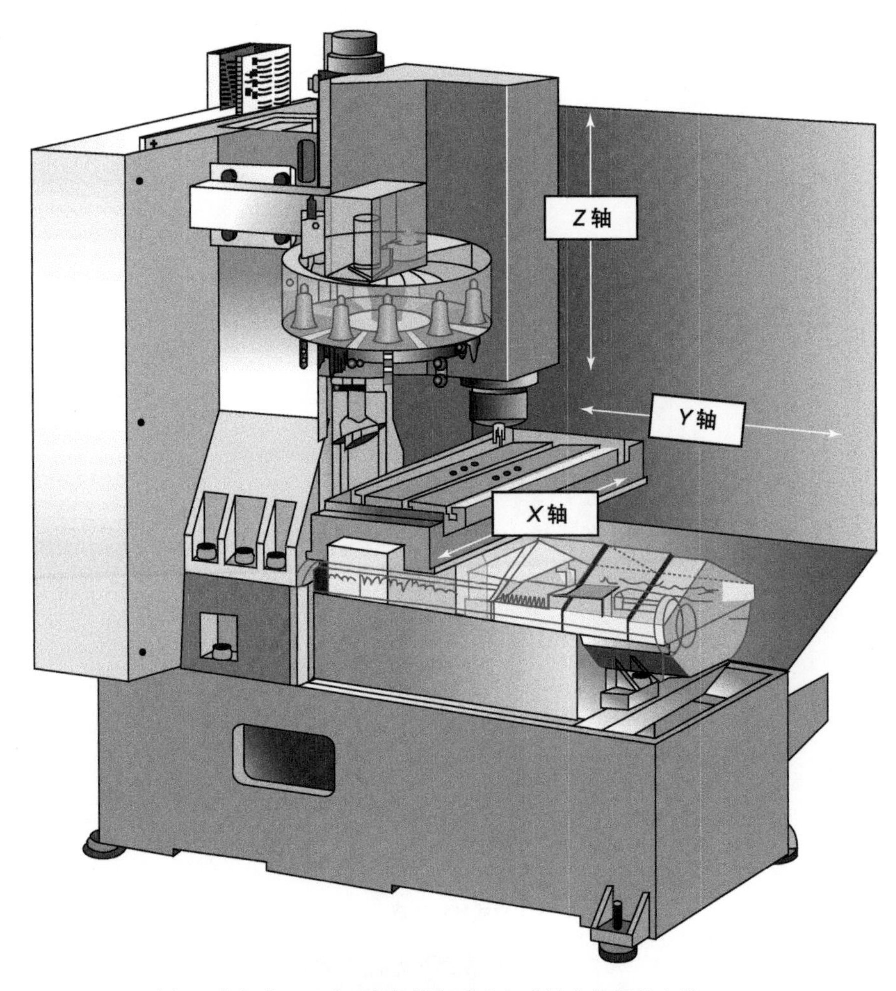

图 5-3 立式加工中心（VMC）。注意其和手动立式铣床的相似之处

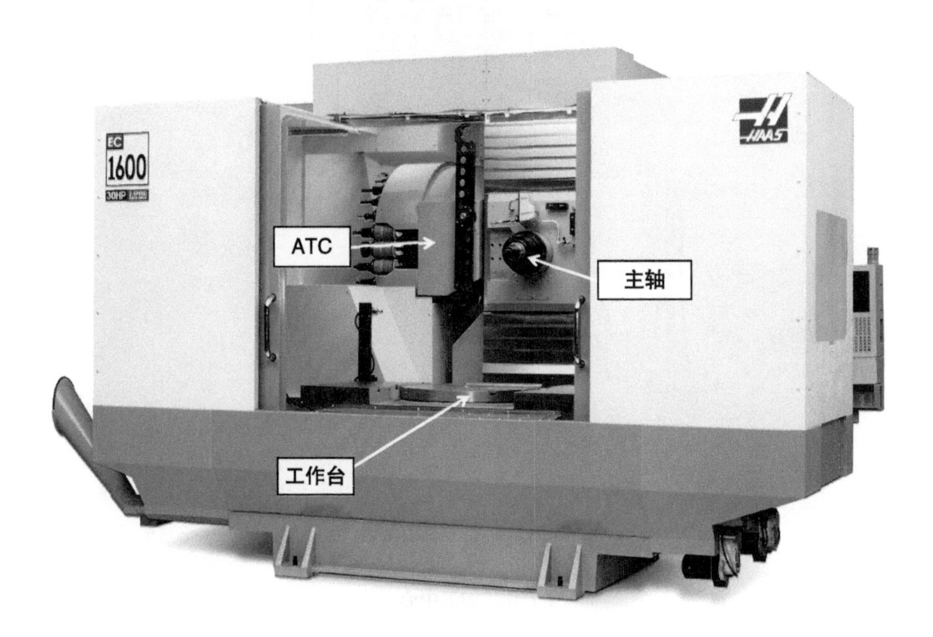

图 5-4 水平加工中心（HMC）的基本结构。注意其主轴、工作台和 ATC 的位置

图 5-5　一个制造单元有多台加工中心和自动化的零件传输装置

图 5-6　转盘式自动换刀装置

摇臂式换刀装置使用一个双头臂换刀，刀具存储在一个刀库里。摇臂的一端夹紧机床主轴上的刀具，同时，另一端夹紧刀库里的另一把刀具。当摇臂降低时，移开在主轴上安装的刀具，摇臂旋转，将新的刀具安装在主轴上的同时，将旧的刀具存储到刀库中。摇臂式换刀装置的换刀速度比转盘式换刀装置快，因为它不需要为要移除的刀具刀座定位一个空的刀库位置，再重新定位得到新的刀具。图 5-7 所示为摇臂式自动换刀装置。

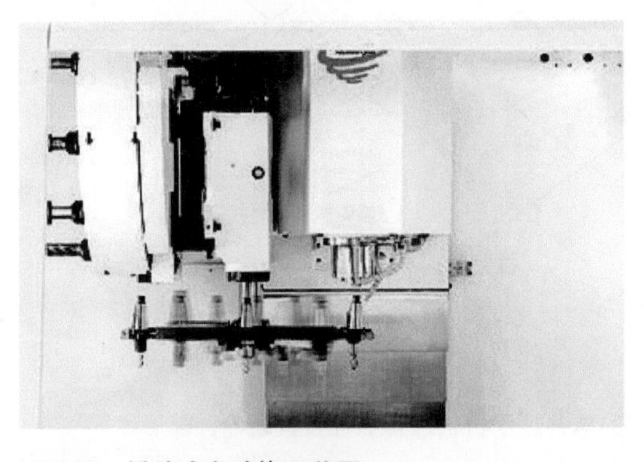

图 5-7　摇臂式自动换刀装置

5.3　刀具夹持

一台加工中心需要一个适应机床主轴的刀具夹持器。当针对具体的应用确定合适的刀具夹持器时，有两个主要的特点需要考虑：主轴安装类型和夹持器与刀具之间的连接类型。

5.3.1　数控主轴类型

大多数加工中心主轴使用国家机床刀具制造商（NMTB）的刀具夹持器系列锥度。NMTB 刀具夹持器锥度尺寸从最小至最大有 30、35、40、45、50 和 60（见图 5-8）。所有的尺寸都有一个 3.5in 的锥度，因为这一锥度上不会发生自锁。这些带锥度夹持器的小端都有内螺纹，以容纳拉紧螺栓。图 5-9 所示为用在各种机床上的不同类型的拉紧螺栓。用拉杆端部的球头抓手机构抓住拉紧螺栓，通过一系列碟形弹簧的张力拉住拉杆，从而固定相配的锥形件，用来保持刀具夹持器的很多零件，如图 5-10 所示。

图 5-8　国家机床刀具制造商（NMTB）的刀具夹持器（锥度尺寸有 30、35、40、45 和 50）

加工中心也可按法兰的类型来分类，自动换刀装置在换刀时抓的是刀具夹持器的法兰。最常用的两种法兰是 CAT 法兰（也称 V 法兰）和 BT 法兰。CAT 法兰最初是由卡特彼勒公司专门为数控应用开发的。BT 法兰和 CAT 法兰很相似，但是也有一些细微的区别。BT 刀具夹持器有一个带有偏心槽的较厚的法兰，CAT 刀具夹持器的槽在法兰的中心。BT 刀具夹持器上的拉紧螺栓是米制螺纹，而 CAT 刀具夹持器上是英制螺纹。图 5-11 所示为 CAT 刀具夹持器和 BT 刀具夹持器。

要结合锥度尺寸和 CAT 法兰或 BT 法兰来识别一个刀具夹持器的规格。例如，一个 CAT-40 刀具夹持器使用了 CAT 法兰和尺寸 40 的锥度，一个 BT-50 刀具夹持器使用了 BT 法兰和尺寸 50 的锥度。对任意给定的机床，必须选择合适的拉紧螺栓并将其连接到刀具夹持器。

一些较小的数控铣床不使用 CAT 法兰或 BT 法兰刀具夹持器，而是使用可快速切换的 NMTB 锥度或者传统的 R8 主轴锥度来安装刀具。这在立式主轴升降台式铣床和台式铣床中最常见。

图 5-9 用在各种机床上的不同类型的拉紧螺栓

5.3.2 刀具夹持器类型

在数控铣削中有多种类型的刀具夹持器可以用来安装不同类型的切削刀具，其

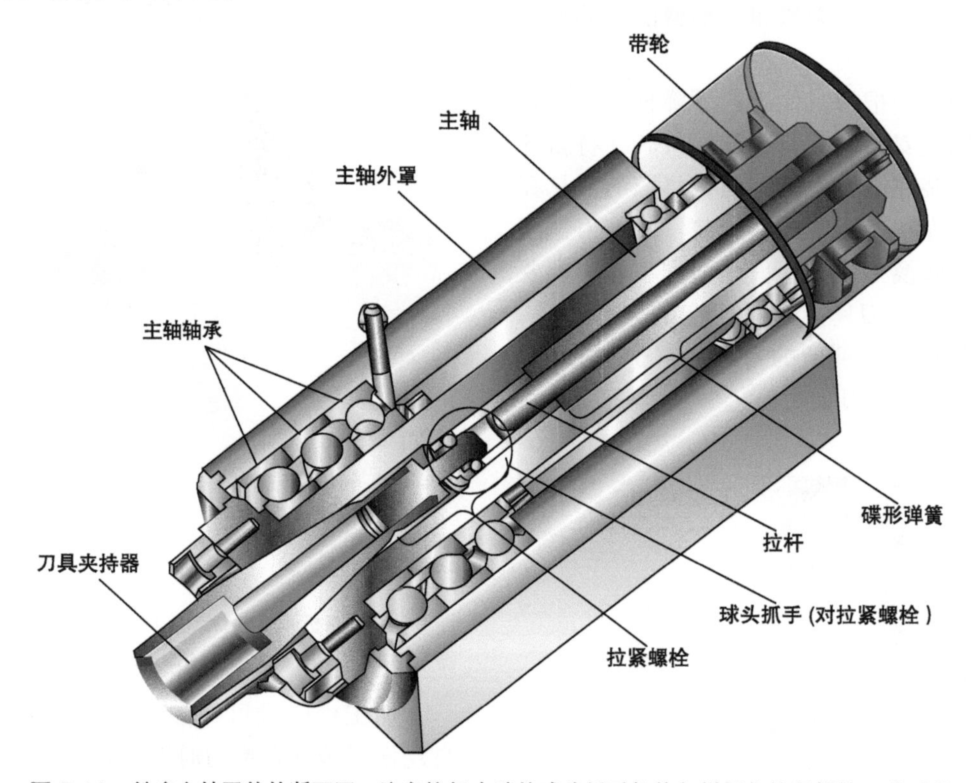

图 5-10 铣床主轴零件的断面图。注意拉杆末端的球头抓手机构怎样抓住拉紧螺栓，碟形弹簧张力继续拉住拉杆，固定刀具夹持器锥形件

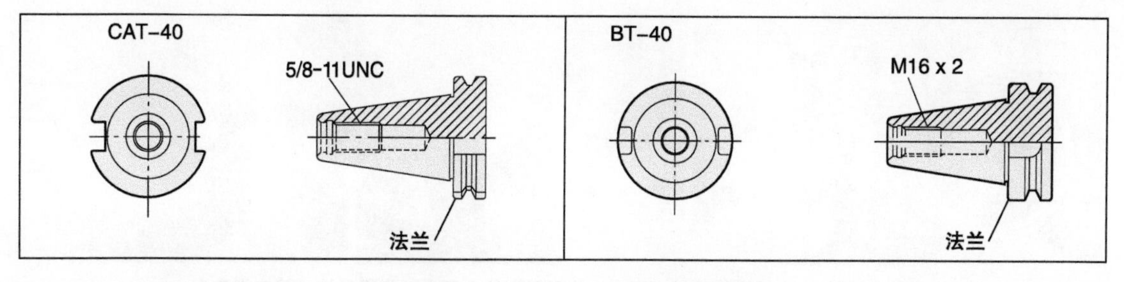

图 5-11　CAT 刀具夹持器和 BT 刀具夹持器，注意法兰尺寸和槽位置的区别

中一些和手动铣床上使用的非常像，另一些专门为数控机床设计。

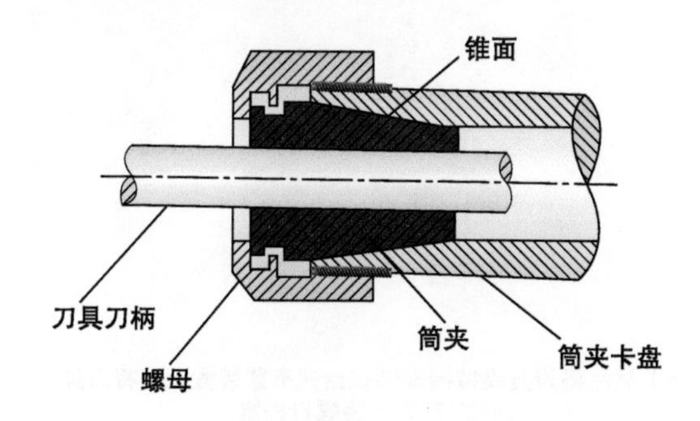

图 5-12　筒夹卡盘通过拧紧螺母夹住刀具的刀柄

1. 数控立铣刀夹持器

数控立铣刀夹持器有一个孔，可容纳一把特殊的刀柄，刀柄直径和那些用于手动铣削的很像。它们在和孔中心线成 90° 处也有一个安装紧定螺钉的锥度孔，紧定螺钉拧紧在刀具刀柄的威尔登平面上。只有在刀柄上有平面的刀具才应该安装在这种类型的刀具夹持器里。

数控立铣刀夹持器便宜、坚固、简单，能传递很大的转矩，但是它也有一些缺点。第一，每一个直径的刀柄必须配备相应尺寸的夹持器。第二，紧定螺钉对系统的平衡有影响而产生刀具振动，特别是在高的主轴转速下。第三，切削液能渗进刀具刀柄和夹持器孔之间的间隙里，引起腐蚀，使刀具的移除变得困难。第四，因为立铣刀滑进孔时是要求有间隙的，当紧固紧定螺钉时，刀具被挤向孔的一侧，引起跳动。跳动能引起刀具切削时的轻微超差和造成刀具的不均匀磨损，从而降低刀具的寿命。

2. CNC 筒夹卡盘

CNC 筒夹卡盘非常通用，经常用来夹持很多不同类型的直柄铣削刀具。卡盘上带锥度的内孔和筒夹上的外锥面配合，当通过拧紧螺纹盖来强迫筒夹靠近锥度孔时，筒夹把切削刀具的刀柄夹紧（见图 5-12）。

最常见的筒夹类型是 ER 型、TG 型和 DA 型（见图 5-13）。一个 ER 型筒夹的尺寸大约为 1mm（0.040in），而 TG 型和 DA 型筒夹的尺寸大约为 0.015in。ER 型和 TG 型筒夹塞进筒夹卡盘螺母里，然后通过螺纹将螺母拧在筒夹卡盘上。DA 型筒夹简单地滑进筒夹卡盘中，然后将螺母旋紧在卡盘上（见图 5-14）。

筒夹卡盘的一个优点是它们运行起来比立铣刀夹持器更真实，因为没有紧定螺钉使夹持器失衡，或者强迫切削刀具从中心偏移。这使得刀具在较高主轴转速下的振动和颤动减小到最小，并延长了刀具的

a）ER型筒夹

b）TG型筒夹

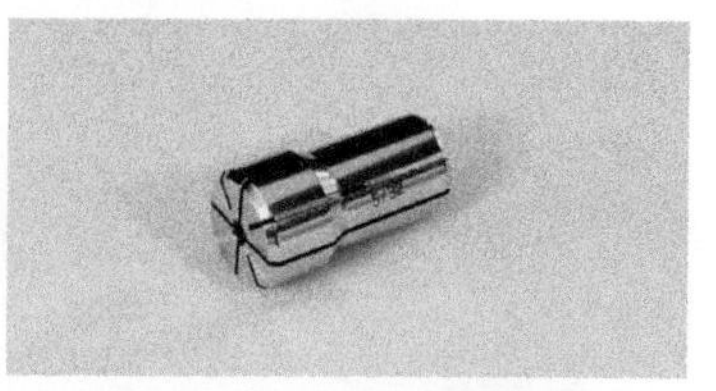
c）DA型筒夹

图 5-13　常见的筒夹

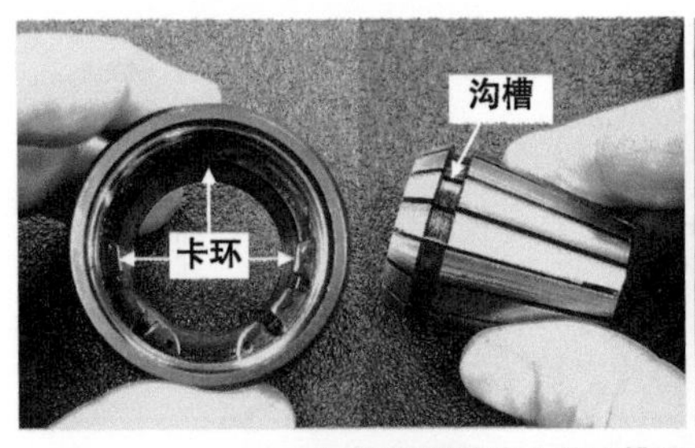

a）使ER型筒夹上的沟槽猛地一下卡进螺母里面的卡环上，将螺母拧进筒夹卡盘中

b）将DA型筒夹滑进卡盘，然后将螺母拧紧在卡盘上

c）然后将刀具夹持器安装在台式夹紧装置上，将刀具插入筒夹，将螺母拧紧

图 5-14　刀具夹持器的安装

寿命。筒夹卡盘可用来夹持几乎任意类型的直柄刀具，包括立铣刀、钻头和铰刀。

3. 缩套式刀具夹持器

缩套式刀具夹持器被设计和加工成夹持器孔与刀具刀柄之间为过盈配合。为了把刀具插进并固定在这种类型的夹持器上，必须先加热夹持器头，使孔发生膨胀。通常通过感应电流来加热夹持器，当夹持器头膨胀足够大时，将刀具的刀柄插入孔里，然后将夹持器冷却，使其逐渐收缩，夹紧刀具的刀柄，随着冷却固定就位。除了夹持器和刀具之间的过盈，没有其他机械紧固刀具方式。这些夹持器和立铣刀夹持器一样，每一个刀具尺寸要求一个不同尺寸的夹持器。但是，因为它们结构简单和零间隙均匀地夹紧刀具的能力，缩套式刀具夹持器有极好的跳动精度。没有任何移动的零件的整体对称设计可获得极好的平衡性、长度不大及优异的刚度，从而使它们成为在非常高的主轴转速下的理想选择。图 5-15 所示为缩套式刀具夹持器和用于装拆卸缩套式刀具夹持器的机器。

a）缩套式刀具夹持器

b）用于装卸缩套式刀具夹持器的机器

图 5-15　缩套式刀具夹持器及其装卸机器

4. CNC 钻头卡盘

CNC 钻头卡盘是自定心钻头卡盘，带有适于配合机床主轴锥度的连接器。它们有最大的“一体适用”尺寸范围，并且不要求使用昂贵的筒夹。但是，它们更适合于夹持低转矩直柄刀具，如小钻头、铰刀和寻边器。使用钻头卡盘夹持其他刀具（如立铣刀或丝锥）不是一个好的做法，因为有相对高的跳动量和最小的夹持力。图 5-16 所示为一些用在数控机床上的钻头卡盘。

a）键型卡盘，带有一个快速切换的尺寸是30NMTB的锥度

b）无键卡盘，带有一个CAT法兰

图 5-16　数控机床上用的一些钻头卡盘

5. CNC 圆筒形铣刀和平面铣刀刀夹

CNC 圆筒形铣刀和平面铣刀刀夹是一种简单的刀杆，用于安装圆筒形铣刀和平面铣刀。刀杆由一段用于精确定位刀具中心的圆轴引导段和两个相对的防止刀具在刀杆上发生旋转滑移的驱动键组成。铣刀可以轻松地滑过引导段和驱动键，刀具被卡住并由一个螺栓或内六角螺钉固定。图 5-17 所示为用在一台加工中心上的一把平面铣刀和刀夹。

图 5-17　一把平面铣刀和刀夹

6. CNC 丝锥刀夹

用来安装丝锥的数控机床用刀夹有很多种，有些是把丝锥刚硬地固定在刀夹里，其他的则是把丝锥固定在允许外伸和压缩的专用的弹簧加载装置里，通常称为浮动刀夹。机床攻螺纹（在第 6 章中讨论）的能力决定了应该用哪种类型的刀夹。

丝锥可用 ER 丝锥筒夹卡盘刚硬地固定，这种刀夹做成能防止丝锥在筒夹内发生旋转的内正方形结构（见图 5-18）。另一种固定丝锥的方法是使用一个弹簧加载的快速切换连接器夹持丝锥，然后将连接器安装在一个专门设计的浮动的或刚性的攻丝卡盘上（见图 5-19）。

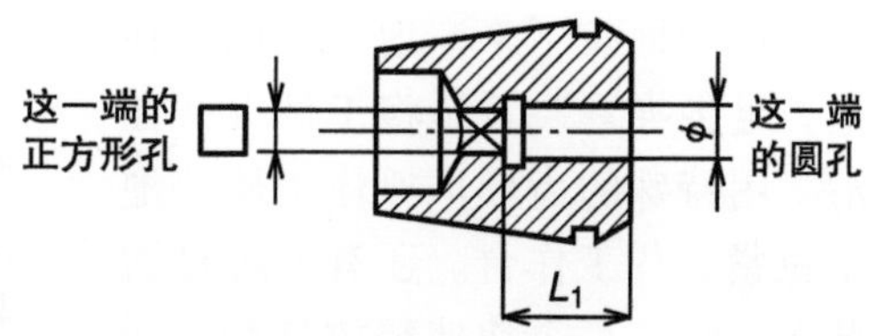

图 5-18　有用于刚性地固定丝锥的内正方形结构的 ER 型筒夹卡盘

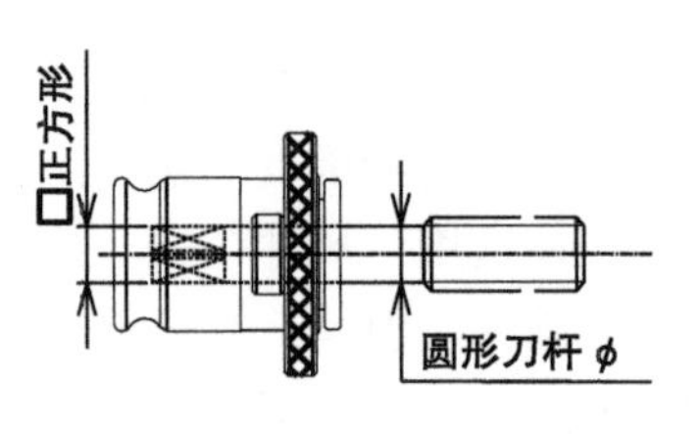

a）快速切换丝锥连接器

b）浮动刀夹

图 5-19 丝锥连接器和浮动刀夹

5.3.3 工件夹紧装置

数控机床和工装是极其昂贵的，所以很容易理解一台机床用于工件加工的时间越长，投资利润就越高。加工中心的工件夹紧装置和技术持续进步和改进，以实现用更少的时间装夹工件和用更多的时间加工。铣削的工件夹紧装置从简单的夹钳和机用虎钳到精心制作的且昂贵的托盘系统、墓碑式夹具和定制夹具。

1. 夹钳类夹紧装置

夹钳是把工件连接到机床工作台上的通用工具，用于普通铣床的工件夹紧装置同样也能用于数控铣削。其中一种类型的夹紧系统是阶梯块压板，它用双头螺柱或螺栓固定在机床工作台的 T 形槽里，用一根绑带从工件表面拉下来，把工件固定在工作台上。足尖夹紧装置是将工件夹持在它的边沿，用特殊的齿形爪抓住工件并把工件向下拉紧靠住工作台。还有一种是肘节夹紧装置，它有一个快速释放杠杆，通过一个凸轮机构施加夹紧力。图 5-20 所示为这些夹紧装置的应用示例。

夹钳类夹紧装置对极其大的或奇怪形状的工件，或不适合使用机用虎钳的量产工件以及生产批量小不值得定制工装夹具情况而言，是理想的选择。但是，用夹钳类夹持工件时，无法保证从一个零件换为另一个零件的重复定位精度。每次装夹工件都需要先用千分表对齐，然后再用寻边器确定一个参考位置。使用夹钳类夹紧装置对程序设计和操作人员的注意力有特殊要求，因为它们通常会伸出，高于工件表面的顶部，这就使得发生干涉的可能性非常高。图 5-21 所示为将一个大工件用阶梯块压板夹紧在加工中心的工作台上。

2. 机用虎钳

机用虎钳是在铣削中普遍使用的工件夹持装置，因为它们使用起来高度通用、精确且简单。很重要的是当考虑使用机用虎钳夹持工件时，要求工件有足够的厚度抵抗夹紧力作用下的弯曲变形。手动铣削使用的标准机用虎钳也能安装在加工中心

a）用阶梯块压板夹紧

b）用足尖夹紧装置夹紧

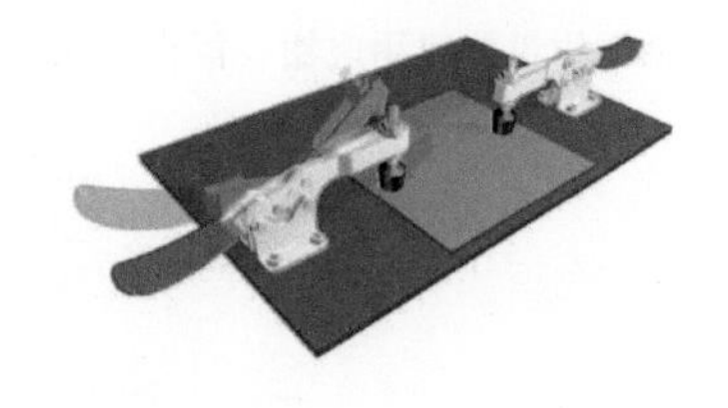

c）用肘节夹紧装置夹紧

图 5-20　夹钳类夹紧装置的应用示例

上用于数控铣削。它有两个活动钳爪，通过靠住中间固定钳爪来夹紧，这允许多零件夹持，如图 5-22 所示。有很多样式的机加工爪都是可以使用的，能容纳几乎任意零件形状（见图 5-23）。还有一些机用虎钳使用一种快速切换钳爪，可在数秒内完成不同钳爪的切换。

图 5-21　一个大工件使用阶梯块压板夹紧在立式加工中心的工作台上

3. 卡盘 / 筒夹闭合器 / 分度夹具

手动爪型的卡盘夹具和筒夹夹具可用于数控铣床上夹持和定位圆柱形的工件。使用卡盘、筒夹或带 T 形槽平面的可编程分度夹具可以连接在机床的 MCU（如果配置），用于数控加工过程中旋转工件，形成一种第四轴运动，称为回转轴运动。很多回转轴可垂直安装或水平安装。这个回转轴和在普通铣床上使用的回转工作台相似。图 5-24 所示为手动筒夹夹具和数控回转轴。

4. 托盘系统

为使用于加工的时间最大化和用于装夹工件的时间最小化，在一些机床上使用了托盘系统，它有两个或更多能快速地和精确地在机床工作台上完成互换的工件夹持工装板。机用虎钳或其他工件夹持装置可以安装在这些工装板上，并且在任何时刻，两个工装板中的一个在机床上处于在用状态，而另一个在机床外进行零件的装卸。当加工循环完成以后，工件夹持工装板被快速地交换为另一个已经装夹好待加工工件的工装板。为了获得更高的生产率，

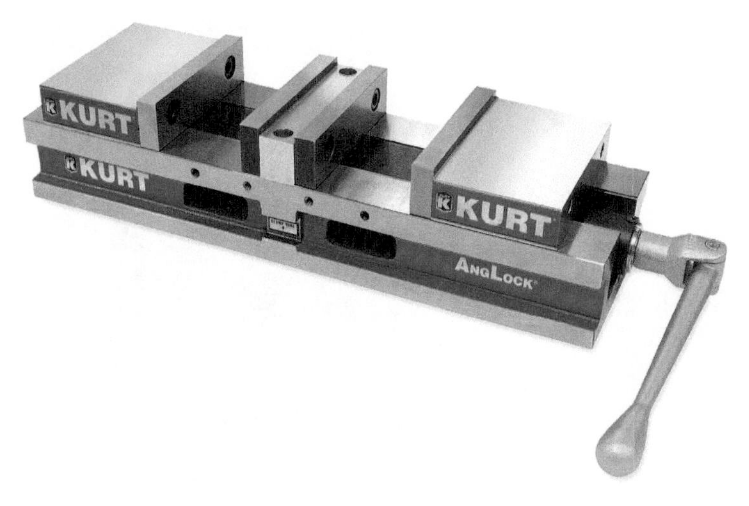

图 5-22　带有两个活动钳爪的机用虎钳，能在一次装夹中固定两个工件

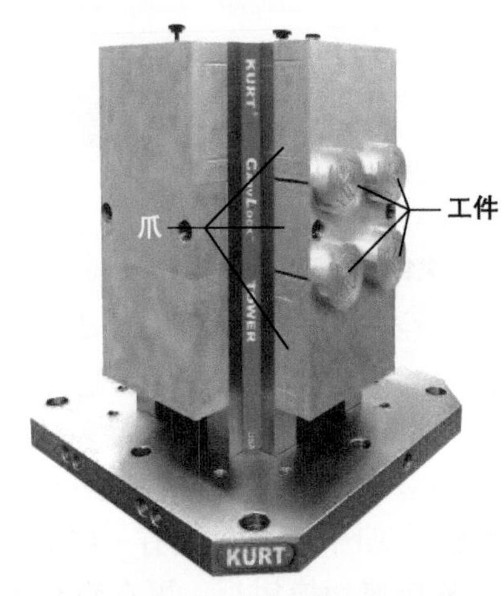

图 5-23　这个多面的立式双虎钳有可机加工的铝爪或软爪，它们被加工成匹配工件的形状。软爪也可以由低碳钢或铸铁制成

a）水平安装

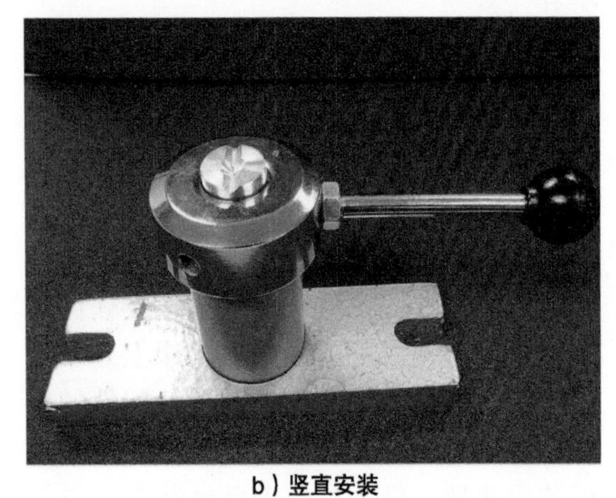

b）竖直安装

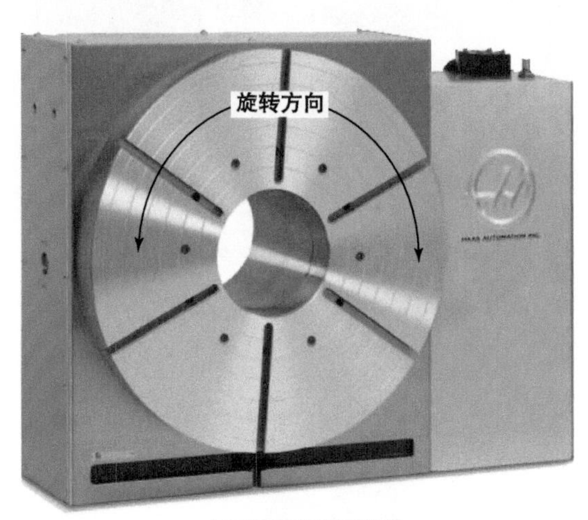

c）可编程数控回转轴

图 5-24　手动筒夹夹具和可编程的数控回转轴

一些机床上使用了一个自动托盘交换器（APC），可自动地按照程序命令切换托盘。图 5-25 所示为装备了一套 APC 的加工中心。

5. 墓碑式夹具

大多数墓碑式夹具用在卧式机床上，它们是具有多个垂直工作表面的塔状结构，工件夹持装置就安装在这些垂直工作表面上。墓碑式夹具有时称为塔或立柱。墓碑式夹具的设计概念是使一次性安装在一台机床上的工件数量最大化。墓碑式夹具经常有 2 个或 4 个工作表面，但是也有一些有更多的工作表面，每个工作表面上可以有一个或更多的工件夹持装置（见图 5-26）。

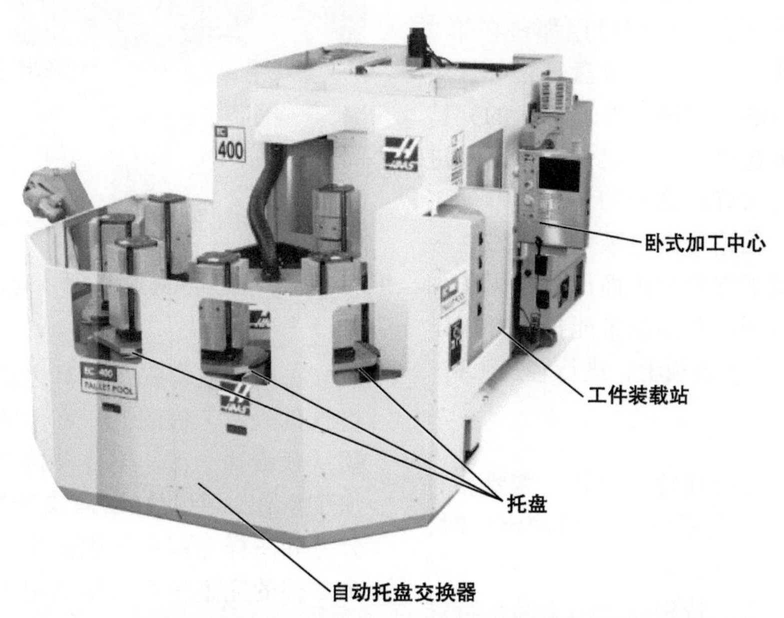

图 5-25　这台加工中心装有一套 APC，它有 6 个托盘，可以通过编程自动地装载托盘中的任意一个。工件在 APC 右边的装卸站被装到每个托盘上

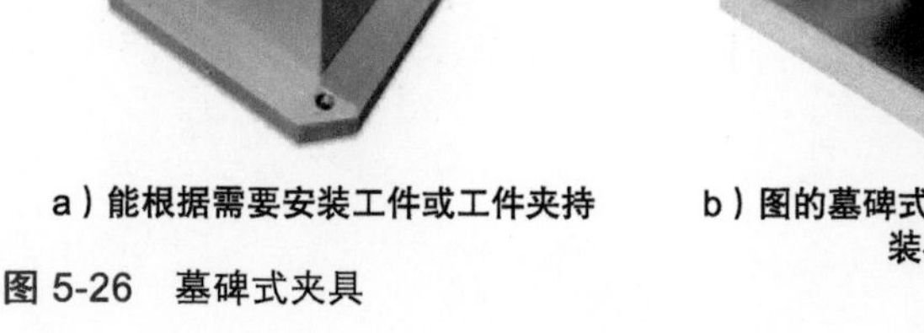

a）能根据需要安装工件或工件夹持

b）图的墓碑式塔上有4个机用虎钳，对应装在塔的4个面上

图 5-26　墓碑式夹具

零件装夹在工件夹持装置上，然后墓碑式夹具被分度，一个面一个面地加工所有已安装工件。为了进一步提高效率和限制由于零件的装载和卸载产生的停工时间，墓碑式夹具经常和托盘系统一起配合使用。

6. 真空吸盘、磁性吸盘和粘结剂基工件夹持装置

有时很难使用刚刚描述的方法中的任意一个来固定工件，所以可用那些在第2章讲到的替代方法。真空吸盘是一种针对薄的、易弯曲的工件进行普通加工的夹持装置；磁性吸盘可用来固定铁磁性工件进行加工，并能很好地把薄的、易变形的工件固定平整。无论是真空吸盘还是磁性吸盘，都能实现工件整个顶面没有障碍的加工。使用粘结剂如双面胶带能把零件固定在机床工作台或工装板上，进行轻加工。

7. 定制夹具

当一个零件有独特的形状，需要和一套高度固定的夹紧系统一起精确定位时，可以使用定制夹具。定制夹具是一套定制的工件夹持装置，特别设计用于满足特殊零件的装夹。这种夹具在固定那些有不常见形状的零件时非常有用，并且允许从关键尺寸表面建立一致的参考。由于它们的完全定制特性，定制夹具非常昂贵，需要很多的计划、设计、定制加工和材料投入。定制夹具通常直接夹紧在机床的工作台、托盘和墓碑式夹具上。图5-27所示为一套定制夹具。

5.4　工艺规程

典型的数控铣削操作包括平面和外缘铣削、开槽加工、腔体加工、二维外形修整、三维表面修整和孔加工。每单独的任务被称为一个操作。加工一个零件所需的所有操作的组合称为制造工艺。

图5-27　用定制夹具夹持一个有着奇怪形状的泵外壳

在编程或者安装刀具之前，必须仔细检查机床、工程图样，零件的生产计划必须从开始到结束。工件夹持装置、工装和加工操作命令的计划取决于零件的特点、公差和图样上规定的表面粗糙度。一旦一个零件的完整生产策略确定下来，就可以用文件的形式详细制订工步，这种文件称为工艺规程。工艺规程中对每个操作、要求的刀具、转速和进给数据、工件夹持信息、其他备注和注解都有详细的规定。此外，通常用一个草图描绘零件的装夹方位。这个文件不仅对零件的初始编程很重要，而且还可供将来进行零件装夹或加工的调整人员或操作人员参考。

数控铣削编程 第6章

- 6.1 概述
- 6.2 铣削的坐标定位
- 6.3 铣削的转速和进给速度
- 6.4 程序段号
- 6.5 铣削的运动类型
- 6.6 加工操作
- 6.7 刀具半径补偿

6.1 概述

在整个加工过程制订完成，工件夹持装置、刀具和刀具夹持装置选择好以后，就该编写数控程序了。对简单的二维铣削，通常用手工方法编写程序。二维铣削是将刀具设定在某一 Z 轴深度，然后只沿 X 轴和 / 或 Y 轴进给。对于更复杂的同时涉及 X 轴、Y 轴和 Z 轴运动的加工操作，程序设计员通常借助计算机辅助制造（CAM）软件，第 8 章的 8.3 中对 CAM 软件做了概述，本章将讲述基本的 G 代码编程。

有一点很重要，数控编程没有标准化的格式，它对所有品牌和型号的机床而言都是兼容的。每一个 MCU 制造商都开发自己独有的编程格式，尽管每种格式都有微小的差别，但是蕴含在程序内容中的原理都是一样的。

贯穿本章的编程示例都是和法那科控制器相关的。然而，可以通过把期望的数据代入制造商的特殊的格式（见每台机床的编程手册），将原理应用在任意的编程格式中。

6.2 铣削的坐标定位

铣削基本坐标系由 X 轴、Y 轴和 Z 轴组成，它们互相垂直，如图 6-1 所示。在一台立式铣床上，X 轴和 Y 轴运动是工作台的运动，Z 轴运动是旋转主轴上下运动，和普通铣床一样。

有的机床只有 2 个可编程的轴，有的则有 4 个或 5 个可编程的轴，取决于被编程的特定铣床类型。一些数控升降台铣床没有数控驱动主轴套筒（Z 轴），Z 轴需先手动定位，然后通过移动 X 轴和 Y 轴来执行铣削指令。大多数加工中心有 3 个可编程的轴（X 轴、Y 轴和 Z 轴），本章例子均适用于这种类型的机床。本章的多数编程例子中，坐标被定位在和切削刀具中心相关的位置。

数控铣床的 MCU 有“翻转”坐标系进行复杂铣削操作的功能，这种例子超出了本章的范围，但是知道这种可能性很重要，以确保编程时、激活正确的坐标系方向。刚刚描述的标准的三轴坐标系使用的是 XY 平面。有些数控系统默认为 XY 平面，但也有其他特殊要求激活的坐标系，程序中的安全启动部分是激活标准 XY 平面坐标系的适当位置，所用指令为 G17。

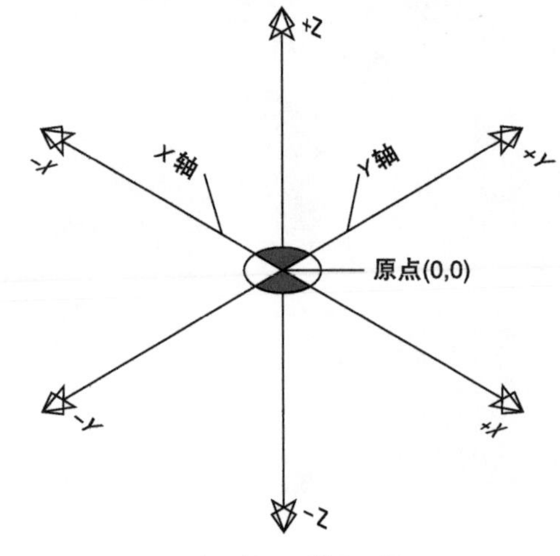

a）X 轴、Y 轴和 Z 轴

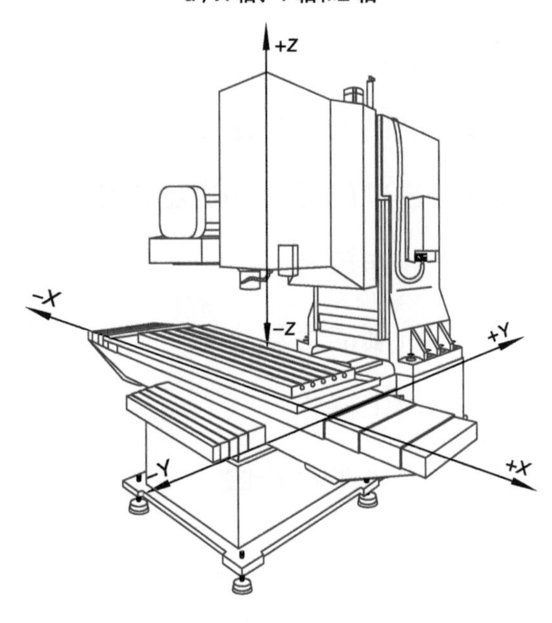

b）数控铣床坐标系

图 6-1 坐标轴和数控铣床坐标系

【例 1】 G90 G20 G17

记住，从本章开始，G90 指令设置绝对坐标，G20 指令设置英寸单位，G17 指令设定 XY 平面或标准坐标系的方向。

6.3　铣削的转速和进给速度

6.3.1　主轴转速

数控铣削的主轴转速表示为 *RPM*，可用一个 M 指令和 S 指令的组合来定义。S 指令规定主轴 *RPM*，后面的 M 指令用于起动和停止主轴。

M3　主轴顺时针转动（向前）

M4　主轴逆时针转动（反转）

M5　主轴停止

例如，“M3 S2000”表示主轴顺时针方向转动，转速为 2000r/min；“M4 S500”表示主轴逆时针方向转动，转速为 500r/min；“M5”表示主轴停止转动。

6.3.2　进给速度

当编程任意的进给运动时，必须指定进给速度。进给速度是模态的，如果在一个程序段中没有分配，前面程序段中指定的进给速度在本程序段中继续有效，编程时用 F 字符及其后的期望进给速度值指定。

进给速度指令和 G94 指令一起，表示进给速度为英寸每分钟（IPM），或用 G95 指令表示进给速度为英寸每转（IPR）。这个设置经常被定义在数控程序的安全启动部分，但是可随时被激活或更改。对铣削操作来说，IPM 的使用是最常见的，而 IPR 有时用在孔加工操作中。

如果将 *IPM* 进给模式添加到以前的安全启动程序段，结果将会是：G90 G20 G17 G94。

很重要的是，无论编程使用哪种进给速度，MCU 都会命令机床按该值进给，而不考虑它是一个 IPM 值或 IPR 值。如果机床使用 G94（IPM），并且指定了“0.001”的进给速度，那么机床运动轴将仅仅以 0.001in/min 移动。

注　意

另一方面，如果机床用 G95 指令（IPR），并且用 F20.0 的进给速度编程，运动轴会以 20 in/r 的速度移动，这能很容易地接近高速。当在 G94 和 G95 之间切换时，要格外注意。

6.4　程序段号

程序段号可以放在每个程序段的开始，作为程序段的标签。它们偶尔（不是每个程序段）也用来标记整个程序，帮助找到程序的特定部分。程序段号以字符“N”开始，并且它们必须在整个程序中逐行递增（例如 N2、N4、N6、N8 等；或 N5、N10、N15、N20 等）。增量大小对大多数机床而言没有关系，只要连续增加即可。大多数程序设计员更喜欢把序列号数值按一定间隔增加（而不是 N1、N2、N3、N4 等），这样如果在后面对程序进行编辑时，就可以嵌入增加的程序段。序列号在大多数现代机床上都是可以选择的，但是可能需要某些操作。例如，前面的安全启动程序段可写成一个序列号，如 N2 G90 G20 G17 G94。

6.5　铣削的运动类型

6.5.1　快速移位——G0

在开始一个机加工操作前，在加工中心上执行 G0 指令，可快速定位刀具靠近工件。在快速移动过程中，切削刀具不能接触工件。当在一台加工中心上编程快速移动指令时，要考虑以下几点：加工中心上可能经常有奇怪的或形状不规则的工件夹持装置或工件，所以需要特别注意夹钳、虎钳爪、工件停止装置和夹具螺栓；快速移动之前和结束以后刀具的位置；工件上某些特征可能凸出而高于其他特征，从而要防止刀具冲突；当执行快速定位时，要经常考虑零件的几何形状（见图 6-2）。

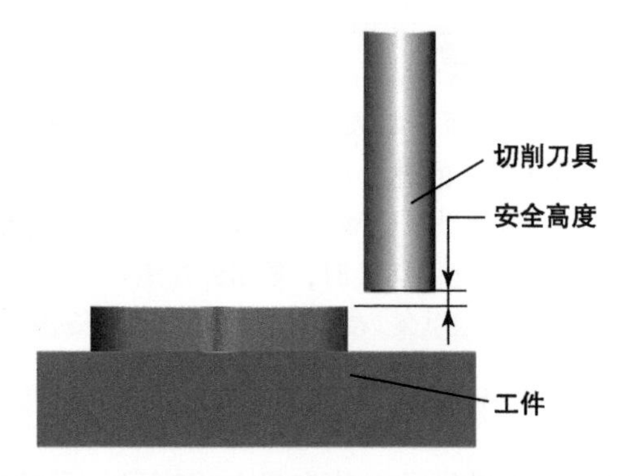

图 6-2　当使用 G0 指令编程快速定位移动时，请确认刀具在 *Z* 轴方向的位置高于工件

在数控铣床编程中，建立一个安全平面，使其高于工件或工件夹持装置是标准惯例。一般使用 0.050in 或 0.100in 的安全平面。应在高于安全平面编程快速移动，避免编程平面低于安全平面。

1. 换刀指令

根据数控加工基础知识建立程序的安全启动部分以后，必须用 ATC 将给定的操作所需要的刀具装夹到主轴上。可在一个单一程序段里使用 T 指令和 M 指令的组合进行换刀。执行 M6 和指定需要的刀具的 T 指令，驱动 ATC 把刀具装夹到主轴上。例如，执行 M6T1 程序段，ATC 自动循环，并把 1# 刀具装夹到主轴上。刀具更换默认是通过快速移位来完成的。注意一些机床控制器要求 M6 和 T 指令按照指定的顺序编程。当刀具更换命令发出时，如果主轴正在运转，机床在刀具更换前自动停止主轴，所以不需要 M5 指令。

2. 程序停止指令

有两个不同的 M 指令，其中任意一个都可用于中止或保持一个程序，直到按下 MCU 上的循环开始按钮后重新开始。这些指令在刀具切换后立即嵌入，以检查新装夹的刀具，或在允许使用新的刀具加工之前检查以前的刀具加工结果。

M0 指令是全停止指令并且总是要求操作者按一下操作面板上的循环开始按钮来重新启动程序。该指令用于零件必须要重定位、切屑必须要清理或者继续加工之前检查一个关键尺寸的情况。M1 指令是选择停止指令，使用前需要打开操作面板上的相应开关，以便于机床读取这个选择停止指令并暂停程序。M 指令经常用于第一次运行程序时，在程序被证明是安全和正确的以后，就可以关闭选择停止开关了，程序忽略 M1 指令。

全停止指令或选择停止指令应该单占一个独立程序段。换刀及选择停止程序段如下：

M6 T1;

M1;

如果需要全停止，使用下列代码：

M6 T1;

M0;

3. 工件坐标系指令

数控机床必须知道工件原点定位在哪里，这个位置在设置过程中建立在机床控制中，称为工件坐标系（WCS）或工件偏置量。设置工件偏置量的过程在第 7 章有详细解释。当一次在机床上装夹多个工件时，需要建立多个工件坐标系（工件原点）。通过编写一个 G 指令激活所用的工件坐标系。当编程时，理解工件偏置量代码很重要，这样机床就可以使用正确的工件偏置量，且工件原点是正确的。

在多数机床上，工件偏置量是用代码 G54~G59 激活的，G54 是一个工件偏置量，G55 是另一个，依此类推。当工件偏置量被激活以后，命令机床沿 *X* 轴和 *Y* 轴快速移动，把刀具定位在需要的工件坐标系。这行代码可编写在安全启动行或在第一次定位移动中的换刀程序段后。

【例 2】 指行程序段 **G0 G54 X1.5 Y2.0**，将激活 G54 工件坐标系并使用快速定位来移动工作台至坐标系的（X1.5,

Y2.0）位置。当编程坐标位置时，只对需要运动轴编程，如果只在一个轴方向有变化，则其他轴的运动不需要列出。例如，如果机床从位置（X1.5,Y2.0）运动到（X1.5, Y1.5），仅需要编程 Y1.5，程序如下：

G0 G54 X1.5 Y2.0;

Y1.5;

4. 刀具高度偏置指令

当刀具被装夹在一台数控铣床上或加工中心上时，要测量每把刀具的长度并输入 MCU。这样做了以后，机床就知道刀尖在哪里了，所以就能从刀具的刀尖开始编程而不用考虑刀具的长度，这个测量量称为刀具高度偏置量。这个过程在第 7 章中有详细的解释。当编程时，理解要求的代码，使机床按正确的刀具高度偏置量进行加工，这一点很重要。

将一把特定刀号的刀具装夹到机床主轴上并且 *X* 轴和 *Y* 轴被定位在期望的位置后，在开始加工之前，经常编程一个快速移位指令，将刀尖移至安全平面。包括安全平面的 *Z* 轴定位代码在内，这个程序段还必须包含一个正确的刀具高度偏置量的指令。用 G43 指令激活机床控制里的刀具高度补偿，并且用 H 字指定正确的偏置量数字。

注 意

H 字 T 字的值必须始终与正确的偏置量数值和正确的刀号配对，否则高速转动的刀具可能会撞在工件或者工件夹持装置上，产生灾难性的后果。

【例 3】 执行 **G0 Z.1 G43 H1** 程序段，激活 1# 刀具的偏置量，并快速把 1# 刀具的刀尖定位到安全平面（和工件表面相距 0.100in）。有些机床会在相同的程序段里要求这个 *Z* 轴在快速移动的同时充分激活刀具高度补偿。

5. 安全启动、 换刀、 工件偏置和刀具高度偏置的总结

图 6-3 所示为简单的数控铣削程序的开始程序段。

6.5.2 线性插补——G1

线性插补意味着机床的一个（或多个）轴同时沿直线移动刀具。当两个轴运动时，如果是沿对角线方向移动，机床必须精确地同时移动每一个轴，使其按照正确的进给速度移动，并在目标位置精确地停止移动。

在铣削中，线性插补可能要求只有一

O0001 (SAMPLE PR OGR AM1);	程序号码和操作者标签，因为这个标签在括号里面，它只能由操作者读取。
N2 G90 G20 G1 7 G94;	安全启动程序段，初始化绝对编程（G90）模态指令，英寸单位(G20)，*XY* 平面选择(G17)和*IPM*进给速度(G94)。注意用可选择的程序段号N2标记该操作。
M6 T1;	刀具切换为1#刀具。
M1;	选择停止指令。
G0 G54 X1 .0 Y1.0;	激活工件坐标系G54，用快速移动定位在（X1.0，Y1.0）。
G43 Z0.1 H1 S450 0 M3;	用G43激活刀具高度偏置，用H1激活1#高度偏置。移动Z 轴至0.1in的安全平面并沿顺时针方向起动主轴，转速为4500r/min。*Z* 轴移动通过一个快速移位实现，这是因为G0指令仍然有效。

图 6-3 简单的数控铣削程序的开始程序段

个轴运动（沿平行于机床轴的路径铣削），两个轴运动（对一个对角线铣削路径），或者三个轴运动（沿三个平面的对角线铣削；复合角运动）（见图 6-4）。由线性插补产生的直线运动可用于倒转一个钻头或在工件上扩孔，在零件的顶部用面铣刀进给切削，侧铣带竖直截面的轮廓等。

按照线性插补运动移动铣削刀具时，要给定一个 G1 指令和沿一轴、两轴或三轴运动的终点位置。同时，还应指定一个进给速度。因为 G1 是模态指令，它将一直保持有效，直到被取消或被另一组模态指令覆盖为止。

图 6-5 所示为一个在图 6-3 所示的例子里增加两个线性移动的程序段，完成垂直铣削。

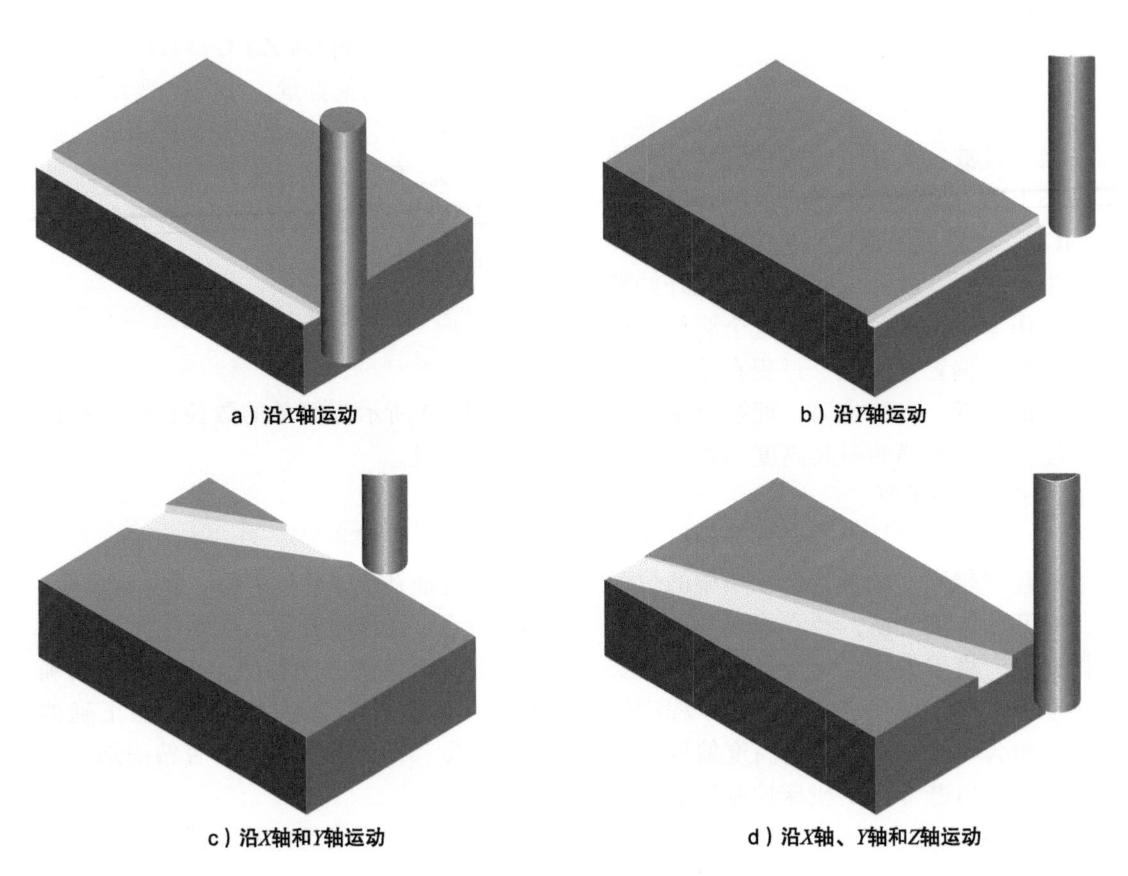

a）沿X轴运动　b）沿Y轴运动

c）沿X轴和Y轴运动　d）沿X轴、Y轴和Z轴运动

图 6-4　线性插补运动

```
O0001 (SAMPLE PR    OGR AM1);
N1 G90 G20 G1   7 G94;
M6 T1;
M1;
G0 G54 X1   .0 Y1.0:
G43 Z0.1 H1 S450    0 M3;
G1 Z-0.02 F1   5.0;  ←  用G1指令激活线性插补，并且刀具按照一个15.0 in/min的进给速度进给至一个Z–0.02 深度。
X-1.5 F8.0;  ←  刀具按照8.0 in/min的进给速度进给至一个X–1.5的位置。模态G1仍是有效的。
```

图 6-5　在图 6-3 所示例子中增加两个线性移动程序段

6.5.3　圆弧插补

加工中心上也能使用圆弧插补指令进行环形运动编程，铣削零件的拐角半径、圆弧和圆形腔体。编程圆弧运动时，刀具必须被定位在圆弧的起点，然后用 G 指令指定顺时针或逆时针运动。其中 G2 指令用于顺时针运动，G3 指令用于逆时针运动，如图 6-6 所示。

在相同的程序段里，如果已经明确圆弧方向的 G2 和 G3 指令，程序设计员必须确定圆弧的终点（记住在圆弧插补指令之前，刀具就已经在起点了）。图 6-7 所示为在图 6-5 所示示例基础上增加了 G2 指令和圆弧终点的程序段。

但是对机床加工圆弧运动来说，这些信息还不够，机床控制只有起点、终点和方向的信息，但是没有圆弧半径尺寸信息。图 6-8 所示的例子说明为什么需要半径信息。激活圆弧插补指令的程序段中必须包含半径信息。有两种半径尺寸编程方法：圆弧圆心法和半径法。圆弧圆心法仅用一行代码就可加工 360° 圆弧（整圆），但是半径法要求把整圆分割成两块，并用两个程序段编程。

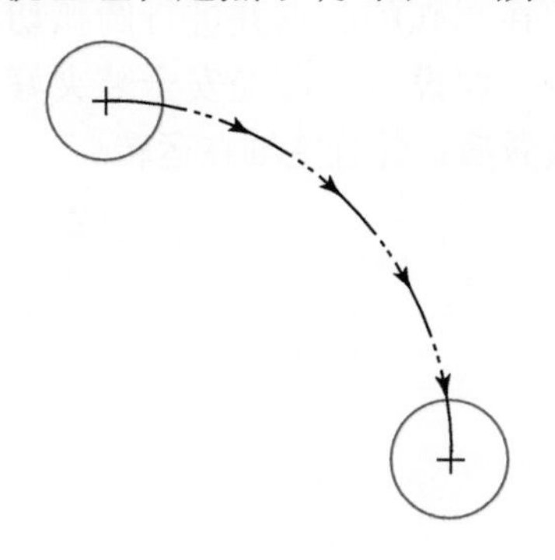

a）顺时针圆弧插补指令G2

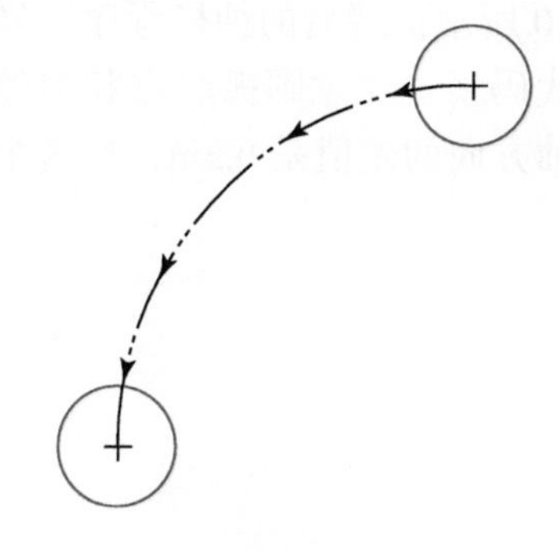

b）逆时针圆弧插补指令G3

图 6-6　圆弧插补指令

```
O0001 (SAMPLE PR    OGR  AM1);
N1 G90 G20 G1    7 G94;
M6 T1;
M1;
G0 G54 X1  .0 Y1.0:
G43 Z0.1 H1 S450    0 M3;
G1 G94 Z-0.02 F1    5.0;
X-1.5 F8.0;
G2 X-2.0  Y1.5; ←———— 用G2指令顺时针圆弧插补，圆弧终点为(X−2.0, Y1.5)，但是仍然需要更多的信息。
```

图 6-7　在图 6−5 所示基础上增加圆弧插补指令和圆弧终点的程序段

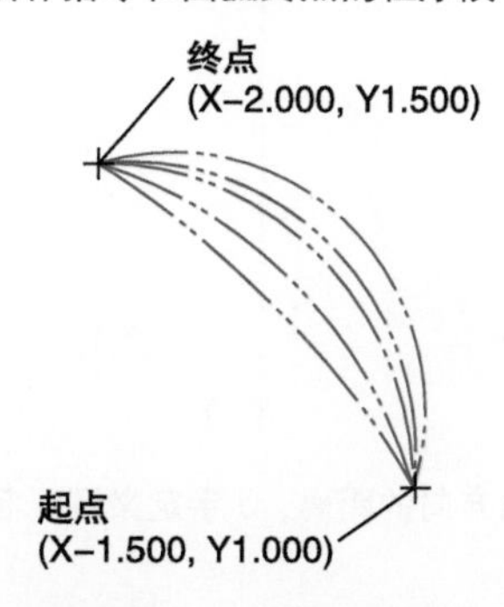

图 6-8　在两点之间编程加工圆弧有无数可能的半径尺寸

1. 圆弧插补的圆弧圆心法

圆弧圆心法的原理是确定相对于起点的圆弧圆心的准确位置。这个圆心必须由沿 *X* 轴和 *Y* 轴的两段距离来确定，因为 G2 和 G3 程序段中已经包含确定圆弧终点的 *X* 字和 *Y* 字，所以用 I 和 J 指定这些距离。其中，I 字定义从圆弧的起点到圆心的沿 *X* 方向的距离，J 字定义从圆弧的起点到圆心的沿 *Y* 方向的距离。要注意从起点到圆弧圆心的方向，使用正确的正负号（+ 或 –）。图 6-9 所示的例子说明了一个圆弧状零件和 I 值、J 值。

图 6-10 所示扩展后的抽样程序已经被扩展。在代码里，注意圆弧起点和圆弧终点在两个轴方向的差值是 0.5in，在这个示例的基础上，假设要加工一个 0.5in 半径的 90° 圆弧，它和用 G1 指令加工的第一个边沿相切，则沿 *X* 方向从圆弧起点到圆心的距离是 0，所以有 I0。沿 *Y* 方向从圆弧起点到圆心的距离是 0.5in，所以有 J.5。图 6-11 举例说明了这个圆弧示例和 X、Y、I 和 J 字。使用这个圆弧圆心的完整程序段是 G2 X–2.0 Y1.5 I0 J.5。

当使用圆弧插补指令并使用圆弧圆心时，可能会出现无数种情况，图 6-12~ 图 6-15 所示为一些典型的情况和要求执行圆弧插补的代码。注意，仅示出把切削刀具定位在圆弧的起点并进行圆弧切削运动的指令。假设刀具已经安全装夹好，偏置量已被激活，并且主轴在运转。

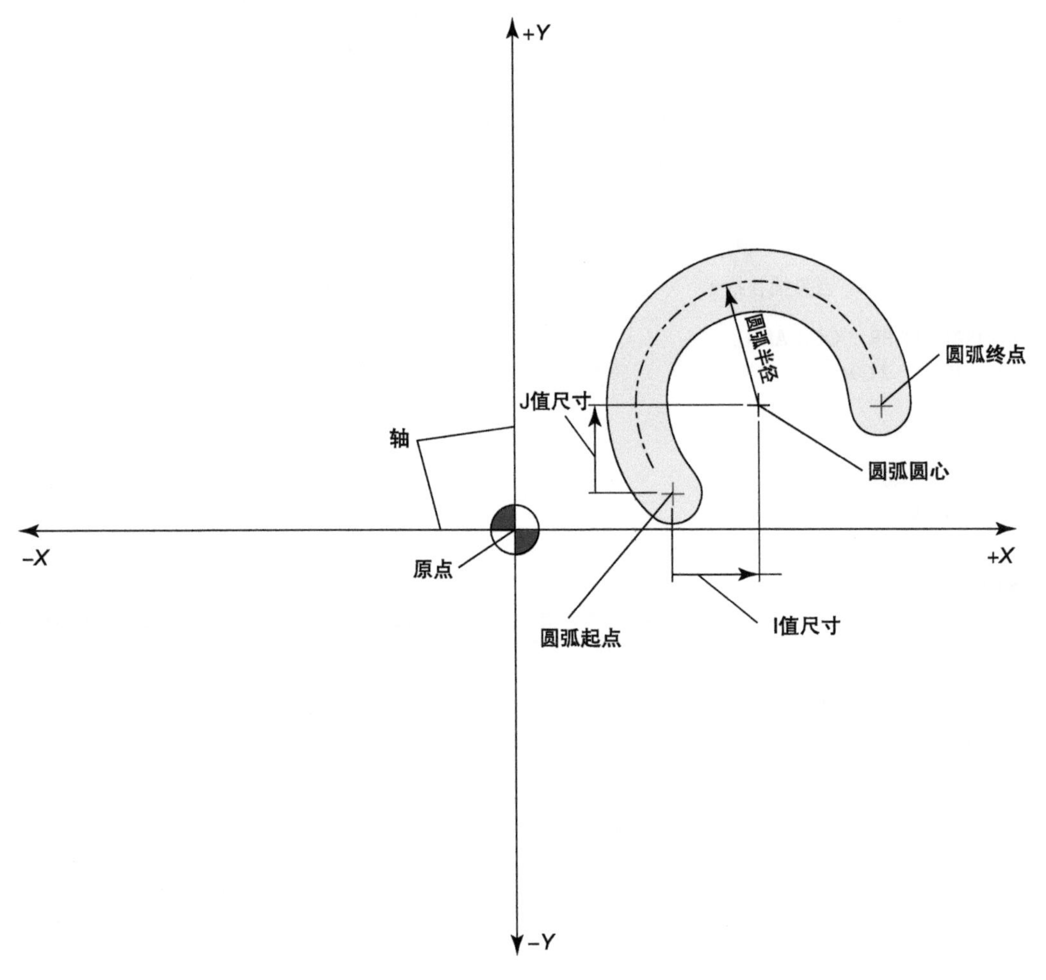

图 6-9　I 字定义圆弧起点到圆心沿 *X* 轴方向的距离，J 字定义圆弧起点到圆心沿 *Y* 轴方向的距离，这些值可以是正值或负值

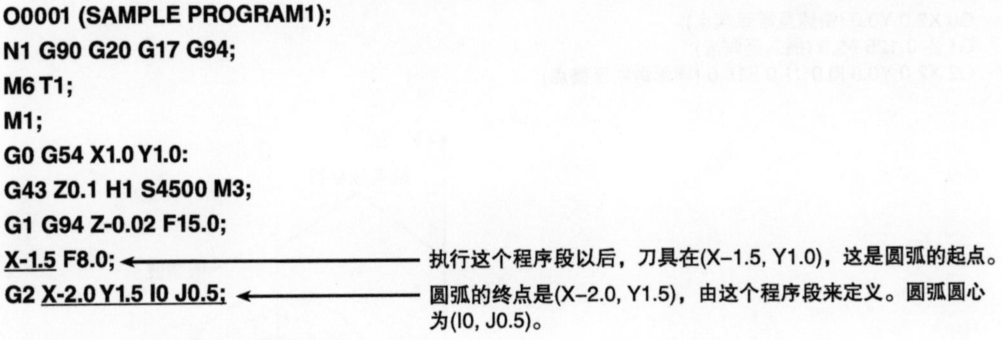

O0001 (SAMPLE PROGRAM1);
N1 G90 G20 G17 G94;
M6 T1;
M1;
G0 G54 X1.0 Y1.0:
G43 Z0.1 H1 S4500 M3;
G1 G94 Z-0.02 F15.0;
X-1.5 F8.0; ← 执行这个程序段以后，刀具在(X−1.5, Y1.0)，这是圆弧的起点。
G2 X-2.0 Y1.5 I0 J0.5; ← 圆弧的终点是(X−2.0, Y1.5)，由这个程序段来定义。圆弧圆心为(I0, J0.5)。

图 6-10　增加圆弧圆心后扩展的抽样程序

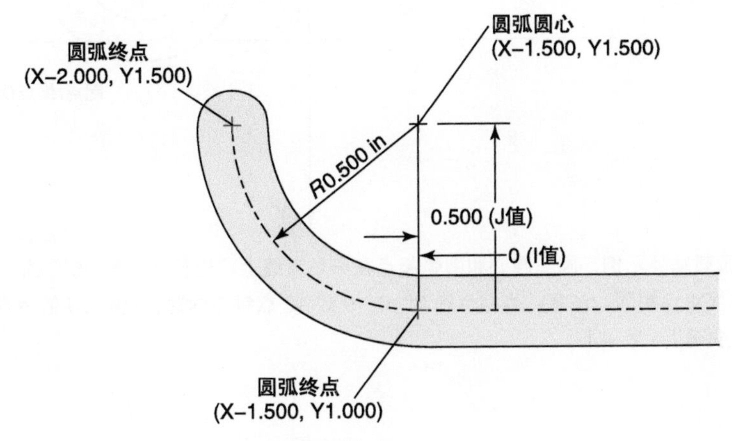

图 6-11　圆弧圆心和它的起点沿 X 轴在一条直线上，所以有 I0 沿 Y 轴从圆弧起点到圆心的距离是 0.500in，所以有 J0.5。在这种情况下注意 I 值一直是 0，J 值一直为半径值，记住使用正确的正负号（+ 或 −）

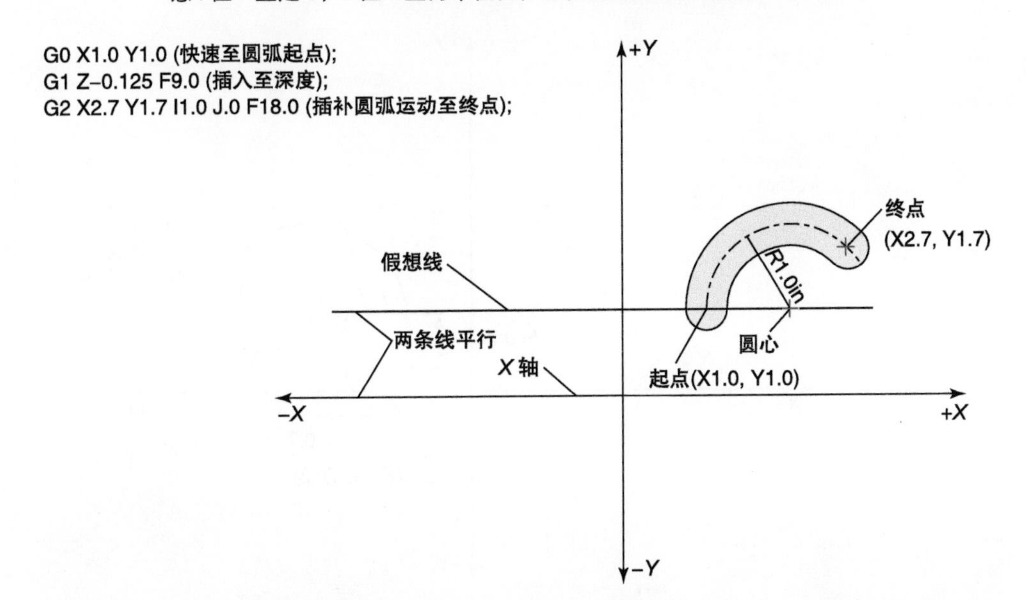

图 6-12　圆弧圆心和圆弧起点沿 X 方向在一条直线上的圆弧插补示例。在这种情况下注意 J 值一直为 0，且为半径值，记住使用正确的正负号（+ 或 −）

```
G0 X2.0 Y0.0 (快速至圆弧起点);
G1 Z−0.125 F9.0 (插入至深度);
G2 X2.0 Y0.0 I0.0 J1.0 F18.0 (圆弧运动至终点);
```

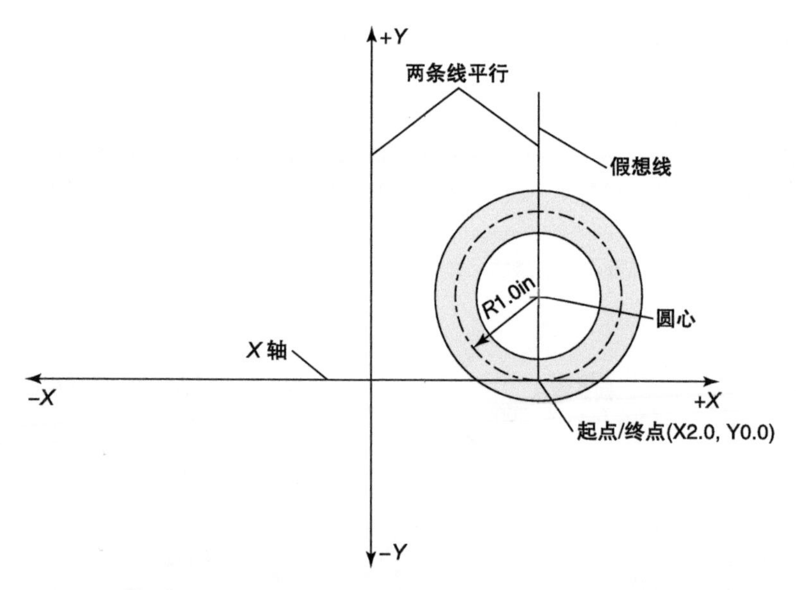

图 6-13 圆弧插补示例，圆弧圆心和圆弧起点在一条直线上，进行一个整 360° 的圆弧插补运动，起点和终点会相同。注意：当起点在 3、6、9 或 12 点钟方向时，I 值或 J 值为 0。记住使用正确的正负号（+ 或 −）

```
G0 X1.3 Y0.3 (快速至圆弧起点);
G1 Z−0.125 F9.0 (插入至深度);
G2 X3.0 Y1.0 I0.7 J0.7 F18.0 (圆弧运动至终点);
```

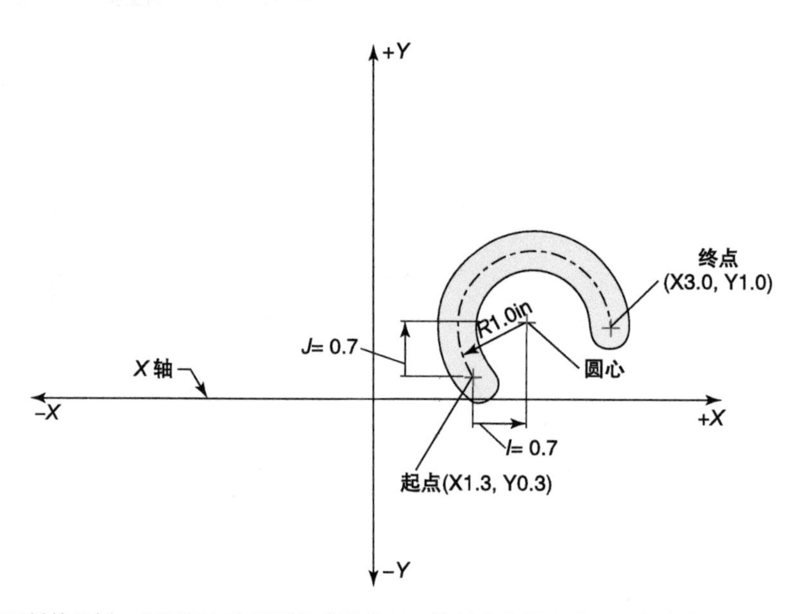

图 6-14 圆弧插补示例，圆弧圆心和圆弧起点沿着任一轴的方向都不在同一条直线上，在这种情况下，I 值和 J 值都不为 0

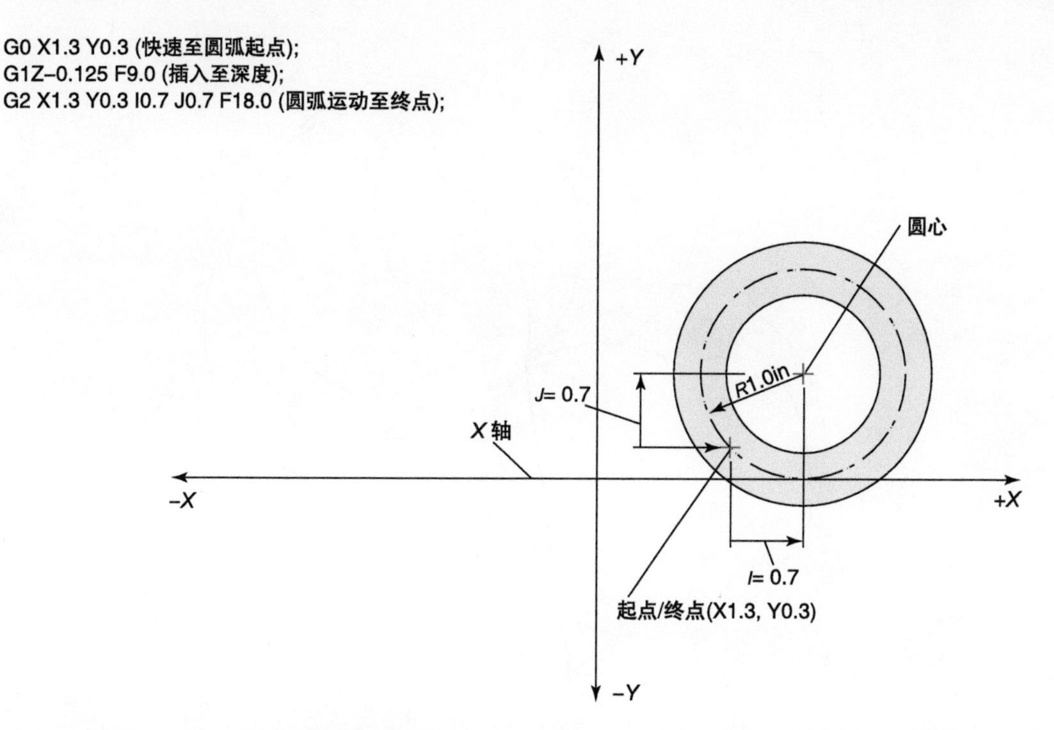

图 6-15 圆弧插补示例，圆弧圆心和圆弧起点不在一条直线上，进行一个整圈的 360° 圆弧插补运动（起点和终点相同）。在这种情况下，I 值或 J 值都不为 0

2. 圆弧插补的半径法

确定圆弧中心数据的半径法到目前为止是两种圆弧编程方法中更简单的和更常用的，不需要指定 I 字或 J 字。用半径法时，只需要在圆弧插补程序段中用 R 字定义圆弧的半径，如用 R1.0 定义一个 1in 半径的圆，用 R0.75 定义一个 0.75in 半径的圆。

考虑以前用过的程序示例（见图 6-10），对图 6-11 所示圆弧用半径法代替圆弧圆心法编程，程序如图 6-16 所示。

对圆心角大于 180° 的圆弧进行编程时，R 值必须为负。使用半径法编程整圆（360° 圆弧）时，必须将圆分解成两部分并用两个程序段进行编程。这是因为当圆弧的起点和终点相同并且只给定一个半径时，圆弧圆心有无限个位置，如图 6-17 所示。图 6-18~ 图 6-21 所示为一些使用半径法的编程典型示例，包括编程一整圈的技术。

```
O0001 (SAMPLE PROGRAM1);
N1 G90 G20 G17 G94;
M6 T1;
M1;
G0 G54 X1.0 Y1.0:
G43 Z0.1 H1 S4500 M3;
G1 Z-0.02 F15.0;
X-1.5 F8.0;  ←—— 执行该程序段以后，刀具位于(X−1.5, Y1.0)，这是圆弧的起点。由这个
G2 X-2.0 Y1.5 R0.5;  ←—— 程序段定义的圆弧终点是(X−2.0, Y1.5)，并且0.5in的半径由R0.5定义。
```

图 6-16 用半径法编程的圆弧插补程序

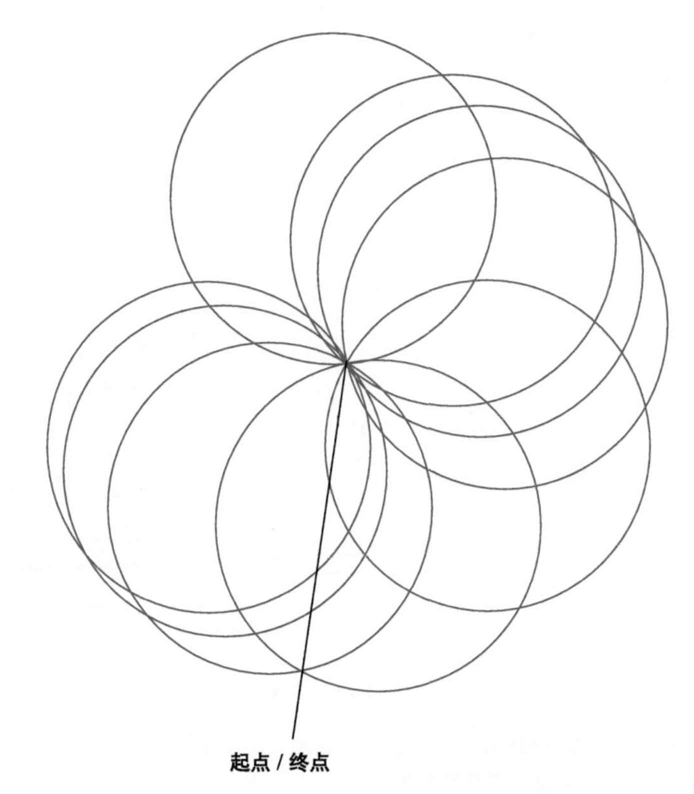

图 6-17　当起点和终点相同时，整圆的圆心位置示例。注意这些圆弧的半径都是相同的。这就是为什么使用半径法编程时，一个 360° 圆弧必须编程为两个部分

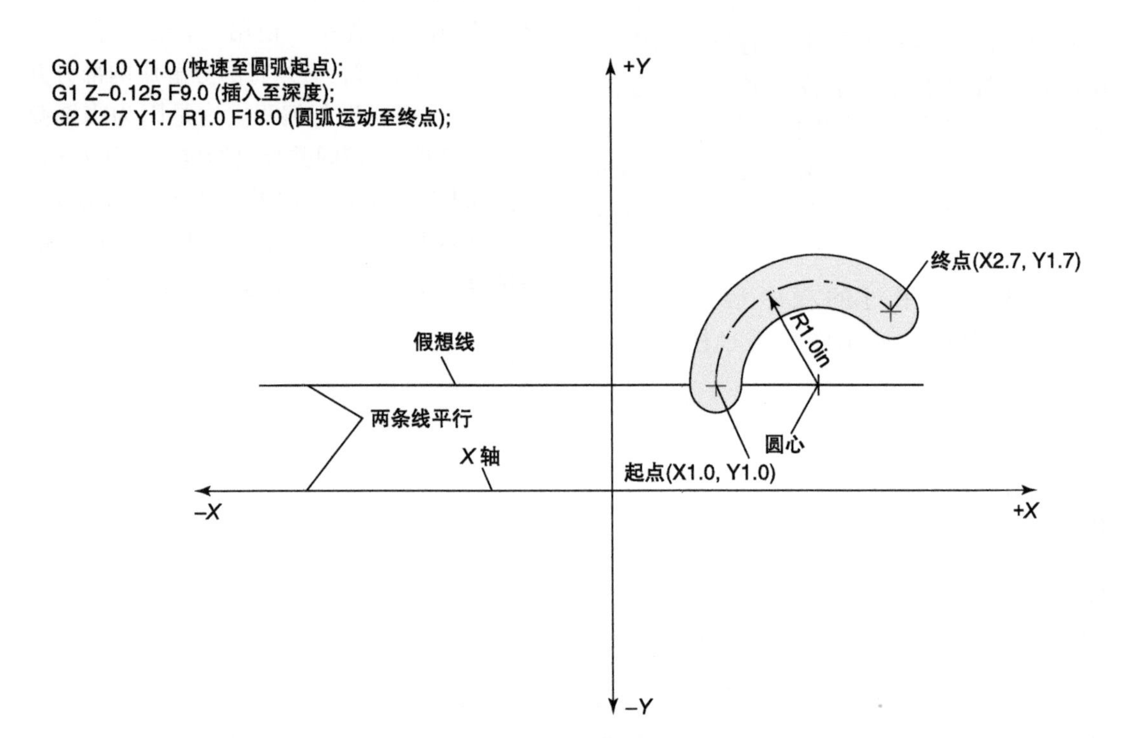

图 6-18　圆弧插补示例，使用半径法，圆弧圆心和圆弧起点沿 X 轴方向在一条直线上

G0 X1.3 Y0.3 (快速至圆弧起点);
G1 Z–0.125 F9.0 (插入至深度);
G2 X3.0 Y1.0 R–1.0 F18.0 (圆弧运动至终点);

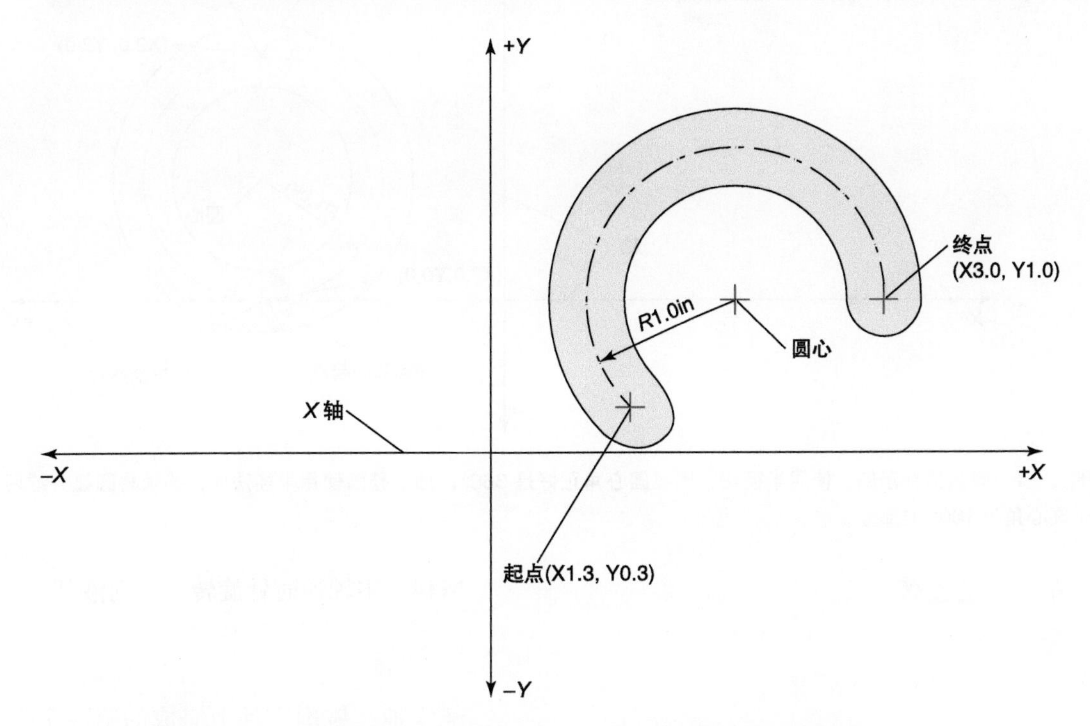

图 6-19　圆弧插补示例，使用半径法，圆弧圆心角大于 180°。注意程序里的负 R 值

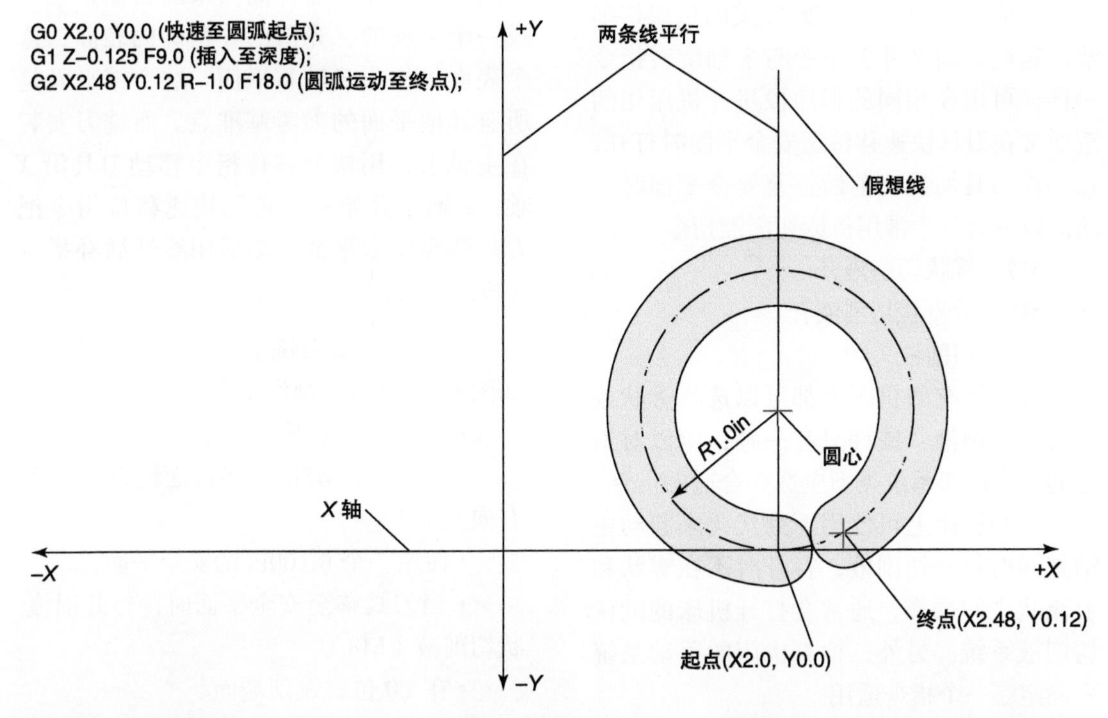

图 6-20　圆弧插补示例，使用半径法，圆弧圆心角稍小于 360°。注意程序里的负 R8 值，因为圆弧圆心角大于 180°

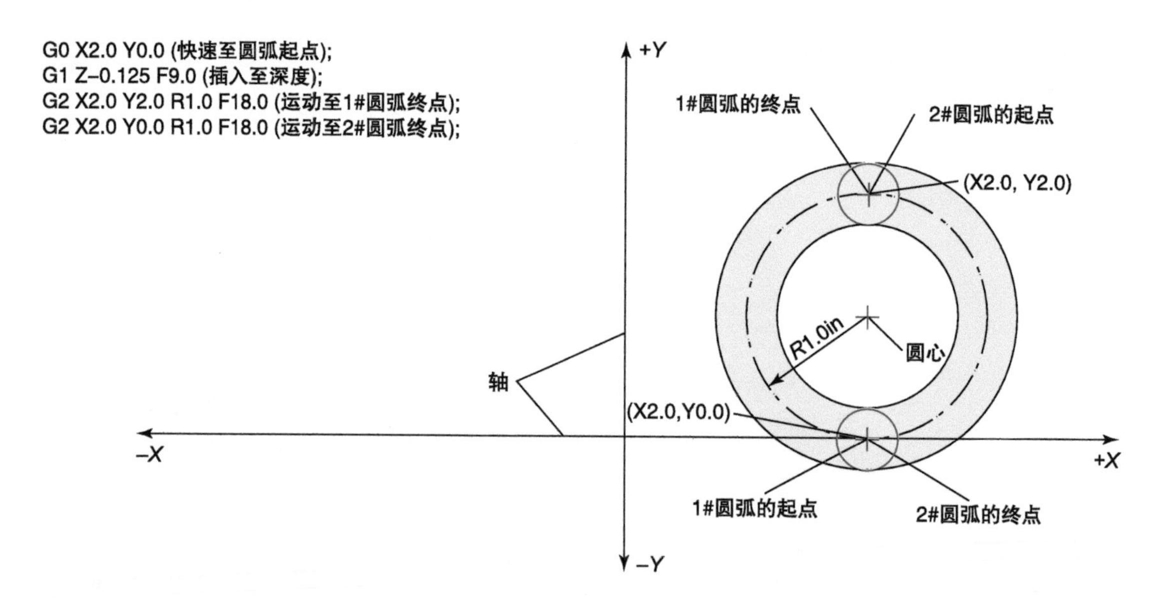

图 6-21　圆弧插补示例，使用半径法，圆弧圆心角正好是 360°，加工整圆使用半径法时，必须将圆弧分成两个圆心角为 180° 的部分

6.6　加工操作

6.6.1　切削液开关 M 指令

从前面的所有示例中可知，M3 指令用于沿顺时针（向前）方向起动机床主轴。一些其他 M 指令用于打开或关闭机床切削液，这些切削液开关指令与主轴旋转指令一样，可用在相同的程序段里。机床切削液通常在刀具快速移位至安全平面时打开，在一次刀具切换之前后退至安全平面时关闭。以下为三个常用机床切削液指令：

M7　雾状切削液开

M8　射流状切削液开

M9　切削液关闭

不是所有的机床上都可以选择雾状或射流状切削液，或许只有一种，所以对给定的机床冷却系统类型应选择合适的指令。

一些机床上可使用下列代码来起动主轴并同时打开切削液，打开时不在雾状和射流状之间选择，通常会打开机床的默认切削液系统。另外，检查机床的手动系统来确定哪一个指令适用。

M13　主轴顺时针旋转，切削液开

M14　主轴逆时针旋转，切削液开

6.6.2　端面铣削

经常地，铣削零件上完成的第一个操作是端面铣削操作，这个操作的目的通常是通过“清除”零件高出来的表面，来生成一个平整的、光滑的和精确的表面，这个表面可作为 *Z* 轴零平面。这个零平面是所有其他平面的参考基准点。面铣刀安装在主轴上，用快速移位指令移动刀具沿 *X* 轴、*Y* 轴至开始点，再用快速移位指令把刀具移至安全平面，然后用线性插补指令完成端面铣削。

【例 4】 端面铣削工件的顶部表面，如图 6-22 所示，操作如下：

• 将零件的左下角作为原点。

• 使用一把 ϕ3in 直径的面铣刀，并从右向左加工。

• 使用一个 0.100in 的安全平面。

• 当刀具移至安全平面时，打开射流状切削液（M8）。

• 在 Z0 位置铣削端面。

• 使用 1000r/min 的主轴转速。

• 使用向下的进给速度 25.0in/min。
• 使用端铣进给速度 12.0in/min。
• 当刀具后退至安全平面时，关闭切削液（M9）。

因为程序坐标系是和刀具中心相关的，必须考虑面铣刀的外缘，所以当刀具进给至需要的 Z 向深度时仍然不接触工件。刀具应该进给到刀尖完全不接触工件的位置。ϕ3in 直径的面铣刀的半径是 1.5in，所以端铣的起点和终点必须离开工件至少 1.5in。为安全起见，允许有一些额外的空间是一个好主意，在这种情况下，在行程的每一端允许有额外的 0.200in。

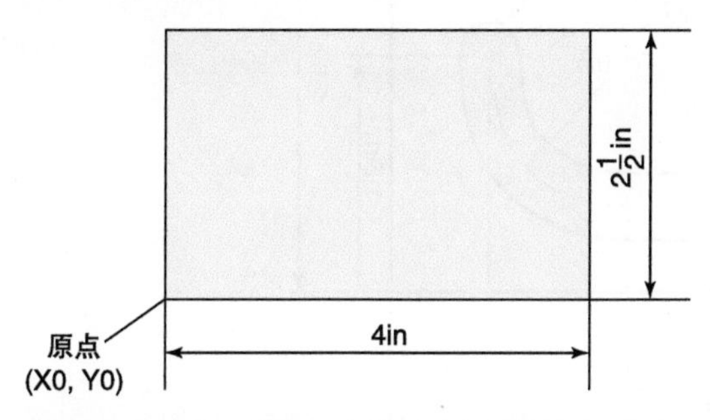

图 6-22　端铣一个 2.500in × 4.000in 的块，工件的原点（X0, Y0, Z0）位于左下角

刀具中心的起始点 Y 坐标与工件中心平齐，为 Y1.25，即把面铣刀沿 Y 轴置于工件的中心；刀具中心的起始点 X 坐标可通过把零件的长度、面铣刀的半径和安全余量加起来计算得到，为 4in+1.5in+0.200in=5.7in，即起点的 X 坐标是 X5.7。终点的 X 坐标通过把端铣刀的半径和安全余量加起来，再从原点减去这个答案，计算值为 1.5in+0.2in=1.7in，终点的 X 坐标是 X–1.7。

图 6-23 所示为计算起点和终点坐标的尺寸。

图 6-24 所示为端面铣削程序代码。

6.6.3　二维铣削

二维（或 2D）铣削是把刀具定位在某一 Z 向深度，然后所有的进给运动通过移动 X 轴和 Y 轴来实现。二维铣削可使用线性和圆弧插补指令进行如轮廓加工、开槽加工和腔体加工。数控铣削，不像普通铣床铣削，几乎总是使用顺铣，因为数控机床轴的运动没有后冲，并能提供优良的表面质量。

假设在图 6-22 所示面铣编程零件上有一个槽，如图 6-25 所示。在图 6-24 所示程序段中写入加工这个零件特征的代码。第一步是确定点 A、B、C 和 D 的 X 和 Y 坐标，记录圆弧半径的尺寸，并记录槽的深度，如图 6-26 所示。

因为这是程序里的第二个操作，安全启动程序段里的信息已经被激活，刀具切换是下一个要求的程序段，因此较好的做

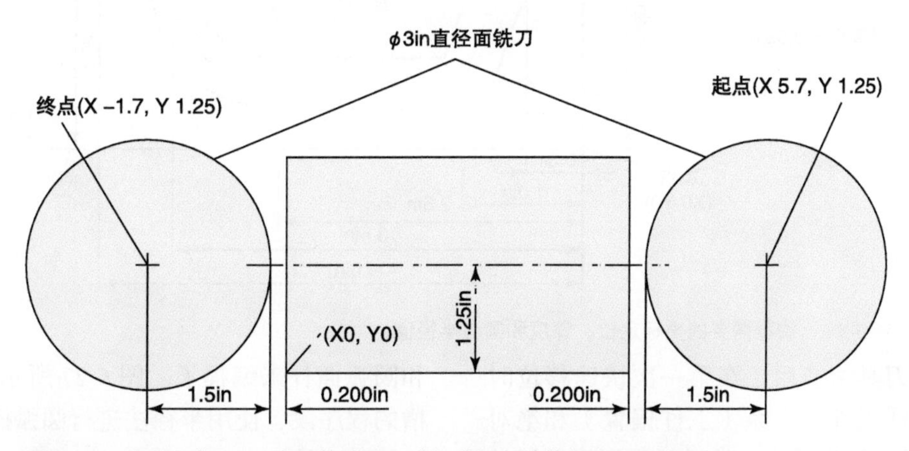

图 6-23　为用一把 ϕ3in 直径的端铣刀进行端铣削计算起点和终点坐标

O0002 (SAMPLE PROGRAM 2);	程序编号和操作者标签。因为标签位于括号中，所以只能由操作者读取。
N1 G90 G20 G17 F94;	安全启动程序段初始化，模态指令绝对编程 (G90)，英寸单位(G20)，*XY* 平面 (G17)，IPM 进给速度(G94)。
M6T1 (FACING 3 INCH);	刀具切换为#1刀具，注意针对操作者/程序设计员的关于操作和要使用的刀具的注解。
M1;	可选择停止。
G0 G54 X5.7.Y1.25:	激活工件偏置坐标系G54并用快速移位模式定位在(X5.7，Y1.25)。绝对模式和以前的程序段一样是模态的。
G43 Z0.1 H1 S1000 M3 M8;	用G43激活刀具高度偏置，用H1激活1#高度偏置量。移动*Z* 轴至一个0.1in的安全平面，并沿顺时针方向起动主轴，转速为1000r/min。 用M8打开射流状切削液，*Z* 轴移动是一个快速移位模式，因为G0 仍然处于激活状态。
G1 Z0 F25.0;	使用G1进给至Z0，进给速度为25.0in/min。
X–1.7 F12.0;	模态 G1仍处于激活状态，进给至X–1.7，进给速度为12.0in/min。
G0 Z0.1 M9;	快速后退至Z0.1安全平面并用M9关闭切削液。

图 6-24　端面铣削程序代码

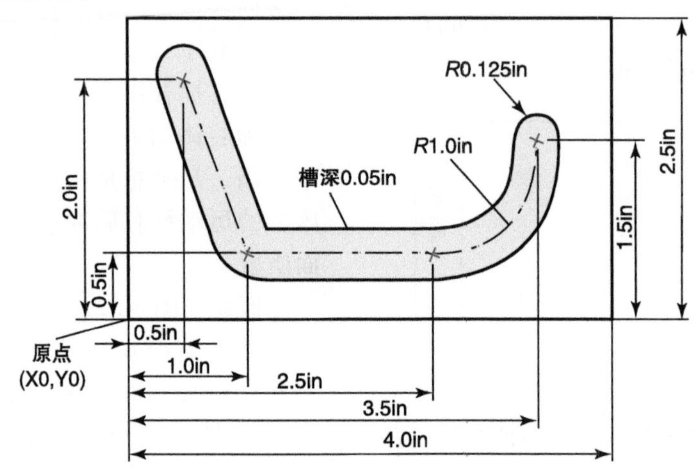

图 6-25　一个要编程的槽示例，需要线性插补和圆弧插补

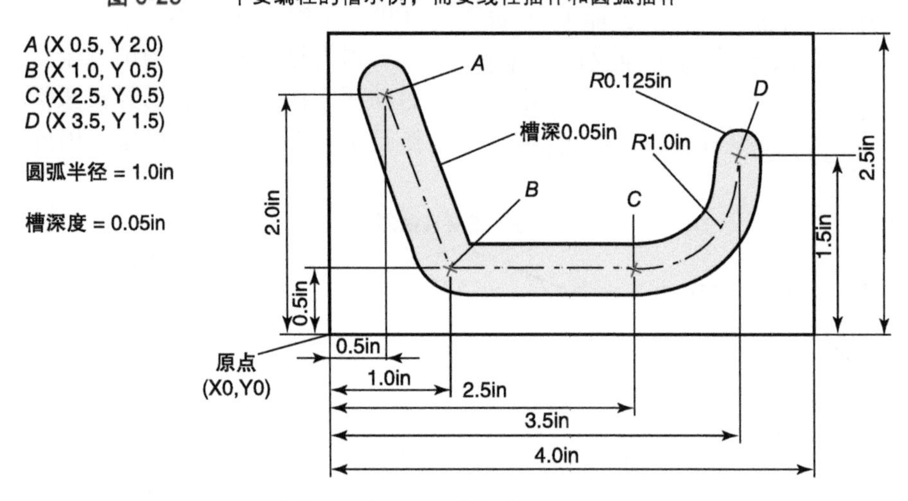

图 6-26　编程需要的坐标定位、深度和圆弧半径值

法是在刀具切换后，在第一次快速移位时再次激活工件坐标系（工件偏置）和绝对（或增量）编程系统，然后就可用线性插补和圆弧插补来编程了。图 6-27 所示为铣削槽的程序段，使用半径法进行圆弧插补。

M6T2 (SLOTTING WITH 1/4 END MILL);	刀具切换至#2刀具（1/4in立铣刀加工槽），注意针对程序设计员/操作者的注解，描述操作和刀具。
M1;	可选择停止。
G0 G90 G54 X0.5 Y2.0;	G54 工件偏置，绝对编程(G90) 有效，并快速移位至*A*点。
G43 Z0.1 H2 M3 S2500 M8;	G43激活刀具高度偏置并用H2偏置#2刀具，刀具快速移动至Z0.1安全平面。起动主轴，转速为2500r/min，沿顺时针方向，打开射流状切削液(M8)。
G1 Z-0.05 F10;	向工件进给刀具深度0.05in，进给速度为1in/min。
X1.0 Y0.5 F8.0;	以8in/min的进给速度线性移动至*B*点。
X2.5.;	线性移动至*C*点，8in/min的模态进给速度仍然是有效的。
G3 X3.5 Y1.5 R1.0;	逆时针圆弧插补至*D*点，半径是1in。
G0 Z0.1 M9;	后退至Z0.1安全平面并关闭射流状切削液 (M9)。

图 6-27　铣削槽的程序段

6.6.4　孔加工操作

孔加工也是数控铣削中非常常见的操作，这些操作编程可能需要通过把刀具定位在需要的*X*、*Y*坐标来进行孔定位，用快速移位指令把刀尖移至安全平面，然后使用线性插补指令使刀具进给至需要的孔深度。

注　意

完成孔加工操作以后，在进行任何*X*轴或*Y*轴运动之前通过编程把刀具快速地后退至*Z*向安全平面是非常重要的，可以避免破坏刀具和损伤工件。

因为孔加工进给速度通常表示为 in/r（英寸/转），可用两种方法定义孔加工操作的进给速度。如果使用*IPM*进给模式，用*IPR*乘以*RPM*来计算得到；如果需要*IPR*，在刀具切换以后可随时使用 G95 指令，甚至在含有用于进给刀具的 G1 指令的程序段里使用。图 6-28 中举例说明了一个使用线性插补指令的钻孔操作。

注　意

如果使用*IPR*，在孔加工操作以后切换回*IPM*是极其重要的，否则进给速度太高而有极大的危险性。例如，假设在钻孔操作中用 G95 指令一个 0.005in/r 的进给速度，如果没有使用 G94 指令，并且下一把刀具是立铣刀，进给速度是 5.0in/min，机床主轴将以 5in/r 的速度进给。

【例 5】 假设在图 6-25 所示的端面铣削和开槽加工的零件上增加一个 ϕ0.25in 直径的孔，0.5in 深，位置如图 6-29 所示，孔的坐标是（X3.5，Y2.25），钻头尖部的长度等于 0.075in，把这个值与孔深相加得到总的进给深度是 0.575in。

这一部分程序代码以另一个刀具切换开始，然后移动到孔的位置，用快速移位指令将刀具移至安全平面，进给钻头进入工件内，再后退至安全平面。图 6-30 所示为钻孔程序段，其中使用了 M13 指令来打开切削液并起动主轴。

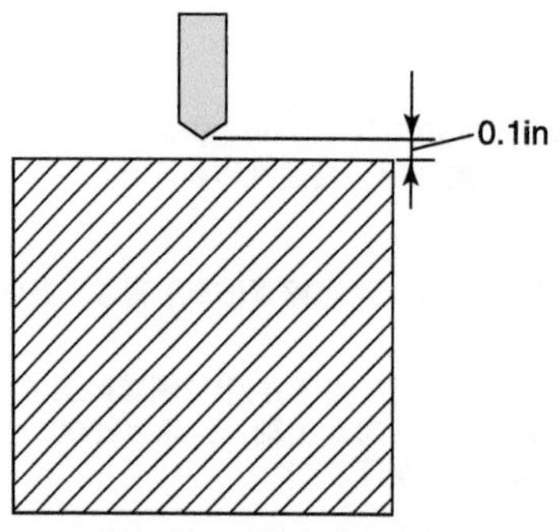

G0 G43 Z0.1 H1 M3 S1000; (快速移动至Z0.1安全平面)

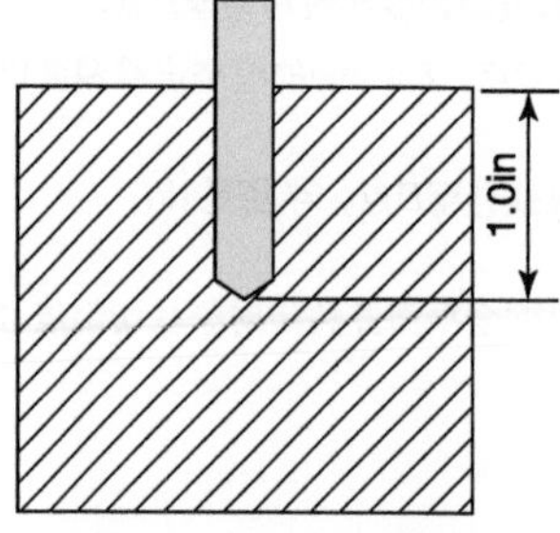

G1 G94 Z–1.0 F6.0; (使用G94以6.0in/min的进给速度进给至 1.0in深度)
或
G1 G95 Z–1.0 F0.006; (使用G95以0.006in/r的进给速度进给至 1.0in深度)

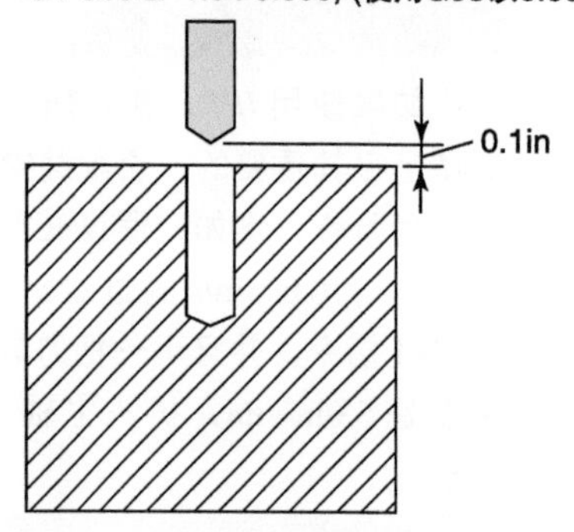

G0 Z0.1 M09; (快速后退至Z0.1安全平面并关闭切削液)

图 6-28　使用线性插补（G1）来编程进行简单的钻孔操作

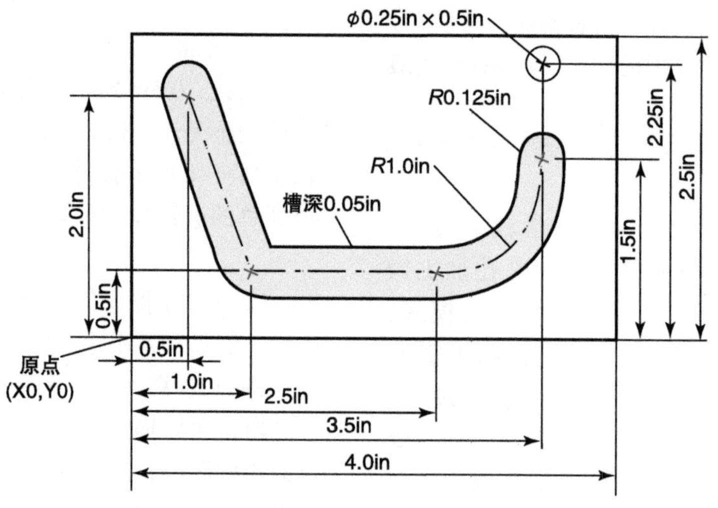

图 6-29　用一把 φ0.25in 直径钻头在坐标 (X 3.5, Y2.25) 处钻削 0.5in 深的孔的编程尺寸

```
M6 T3 (1/4 DRILL);        ← 刀具切换为3#刀具1/4in钻头。
G0 G54 X3.5 Y2.25;        ← 快速定位在孔的位置。
G43 Z0.1 H3 M13 S1500;    ← 快速定位在安全平面，M13起动主轴顺时针转动，转速为1500r/min并打开切削液。
G1 Z-0.575 F7.5;          ← 沿Z 轴方向以期望的进给速度(进给速度单位为in/min)，线性移动至要求的钻孔深度。
G0 Z0.1 M9;               ← 沿Z 轴方向快速退出孔至安全平面，关闭切削液。
```

图 6-30 钻孔程序段

6.6.5 固定循环

一些数控铣削操作要求重复性的动作，如钻一些相同深度的孔，或者在深孔钻中需要断屑啄。因为前面的钻孔程序段用了4 行代码，钻 10 个孔就需要 40 条程序段。如果使用啄式钻，每一啄要求至少一个 G1 进给运动和一个 G0 后退运动。想象一下用啄式钻钻削 10 个孔所需要的代码数量。

机床制造商已经给它们的控制系统配置了这些特征，从而使这种冗长和重复的操作编程变得更简单和更快。这些加工内容被包装或“灌装”在一个或两个程序段里，称为固定循环。固定循环要求程序设计员按照一种特定的格式编写一个或两个程序段，在这些程序段中定义了固定循环需要的信息。一台数控铣床上的最常见的固定循环是那些钻孔和攻丝固定循环。

1. 单程钻孔循环

执行单程钻孔循环指令，刀具连续进给到编程的 *Z* 轴深度，不需要啄。数控铣削的两个不同的单程钻孔循环是 G81 和 G82，其唯一的区别是 G82 循环中刀具一旦到达最大深度就暂停，在其他方面是完全相同的。G81 和 G82 在定心钻、中心钻、钻锥孔、扩孔和浅孔钻时表现很好。在两者中任意一个循环完成以后，必须用 G80 指令在一个独立的程序段里取消循环。

2. 单程钻孔——G81

前面图 6-29 所示示例中的钻孔操作可以使用 G81 固定循环指令编程，孔的位置是（X3.5，Y2.25），最大深度是 0.575in。G81 程序段需要 *X*、*Y* 坐标、回程点、*Z* 向深度和进给速度。回程点是绝对 *Z* 向位置，是刀具开始进给的位置和刀具在固定循环结束后退的位置。对大多数情况而言，回程点应该和 *Z* 向安全平面相同。

【例 6】

```
G81 X3.5 Y2.25 R0.1 Z-0.575 F7.5;
G80:
```

执行这两个程序段，刀具进给至 0.575in 深度，并在钻孔后退至回程点（R）Z0.1。钻孔的完整程序段如下：

```
M6 T3 (1/4 DRILL);
G0 G54 X3.5 Y2.25;
G43 Z.1 H3 M13 S1500;
G81 X3.5 Y2.25 R0.1 Z-0.575 F7.5;
G80;
```

对钻单个孔来说，这可能不会节约太多的时间，但是当要求钻多个孔时，坐标位置简单地写在 G81 指令程序段中，执行该程序段时会在每个孔位重复固定循环。在钻完最后一个孔后，使用 G80 指令取消固定循环。假设在前面图 6-29 所示零件上加上更多的孔，如图 6-31 所示，可使用图 6-32 所示的 G81 循环加工这 6 个孔。

3. 带保压的单程钻孔——G82

当进行点钻或中心钻、扩孔或埋头钻时，在到达最大深度之后和后退之前，迫

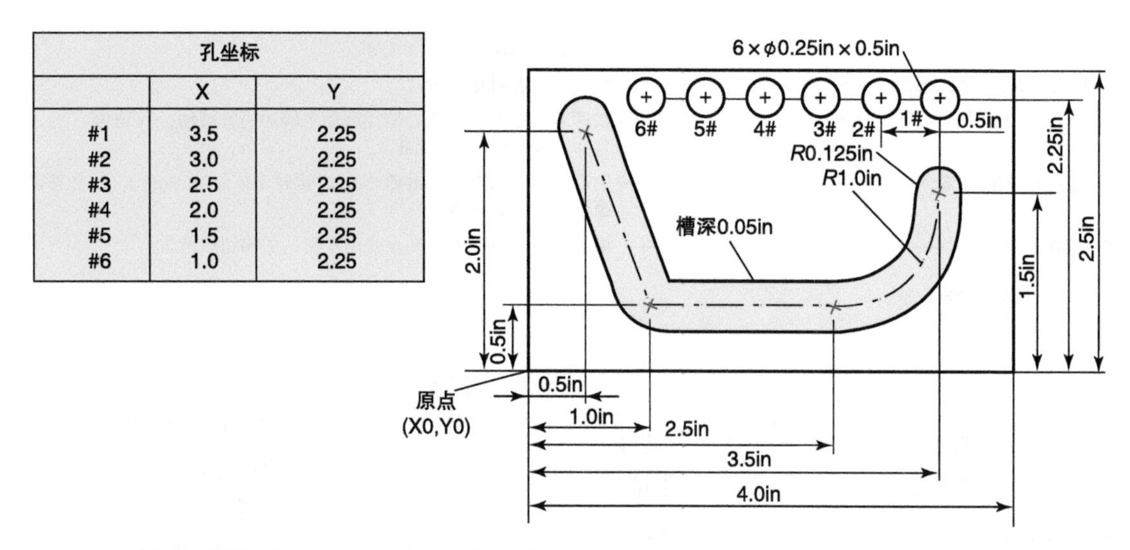

孔坐标		
	X	Y
#1	3.5	2.25
#2	3.0	2.25
#3	2.5	2.25
#4	2.0	2.25
#5	1.5	2.25
#6	1.0	2.25

图 6-31　使用固定循环指令钻 6 个孔的坐标位置

```
M6 T3 (1/4 DRILL);
G0 G54 X3.5 Y2.25;
G43 Z0.1 H3 M13 S1500;
G81 X3.5 Y2.25 R0.1 Z-0.575 F7.5;
X3.0;
X2.5;
X2.0;
X1.5;
X1.0;
G80;
```

一直到这个程序段，代码和以前的是一样的。G81循环的激活和执行是在1#位置，执行固定循环指令，在每个位置钻一个0.575in深度的孔，并在每个孔中间时后退Z0.1的R值。

这5个程序段列举出了剩下的孔的坐标位置，G81循环及其所有变量都是模态的。

在钻完最后一个孔后，用G80取消固定循环。

图 6-32　用 G81 指令钻 6 个孔的程序段

切有一个切削刀具的保压（暂停），以减轻刀具的压力，并可生成一个一致的加工表面。在进给运动结束退刀之前，在 G82 固定循环指令中用 P 字指定一个保压时间。例如，P1000 表示暂停 1s，P500 表示暂停 0.5s，P1500 表示暂停 1.5s。可以使用任意的 P 值。

假设图 6-31 所示示例里的 5 个孔要埋头钻至一个刀具深度 Z−0.15，带有一个保压时间 3s，程序段如在图 6-33 所示。

4. 啄钻循环

当钻削深度约为 3 倍钻头直径的孔时，用轻微的后退中断向下的钻孔运动，以断开切屑流，并从钻头的出屑槽里清理切屑。有两种啄钻循环可以用来完成这个运动。G73 指令是快速啄钻循环并仅使用轻微的后退，它有时也称为高频或断屑循环（见图 6-34）。G83 指令适用于深孔钻循环，在每次啄钻之间刀具完全从孔里退出（见图 6-35）。两个固定循环指令均使用 Q 字定义每次啄钻的数量。例如，Q0.05 指定一个 0.05in 的啄增量，Q0.125 指定一个 0.125in 的啄增量。

5. 快速啄钻循环——G73

执行 G73 指令时有一个轻微的后退，这个后退值通常可通过机床控制系统中的一个设置来控制，（详细内容请查询具体的机床手册）。在最后一个钻孔示例中通过把 G81 更换为 G73 来修改程序，并增加一个 0.075in 的啄增量，得到的程序如图 6-36 所示。

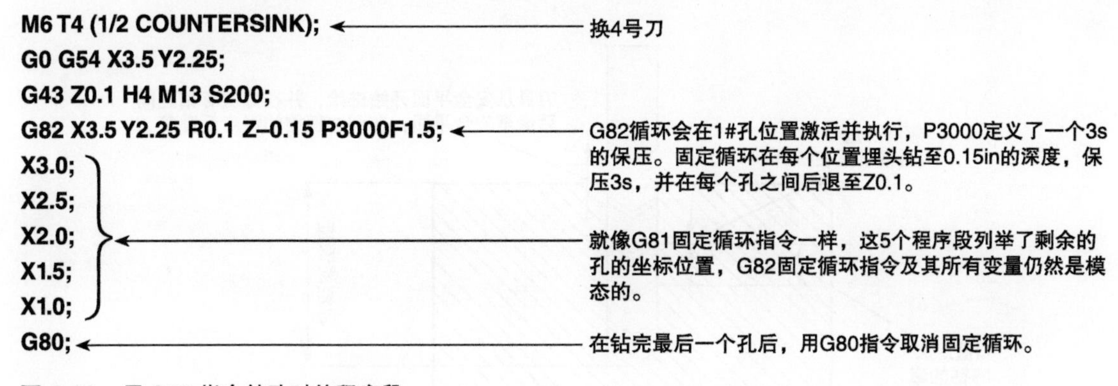

图 6-33　用 G82 指令钻孔时的程序段

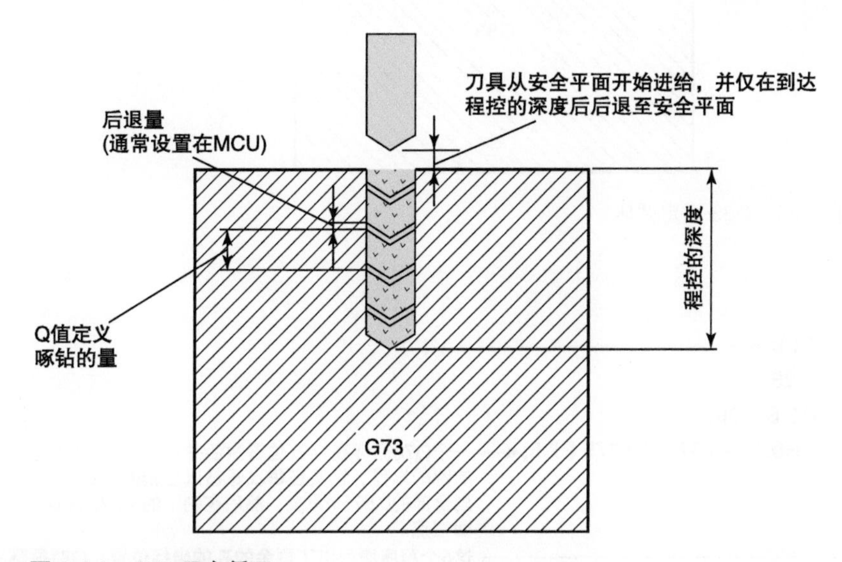

图 6-34　G73 固定循环

6. 深孔啄钻循环—G83

当钻削非常深的孔或很难加工的材料时，每次啄钻后都把钻头退出孔，这会帮助从钻头出屑槽里清理切屑，并允许切削液到达钻尖位置。G83 循环指令格式与 G73 相同，但是执行指令时会在啄钻之间完全地从孔里退出钻头。同样还是用 Q 字定义啄增量（见图 6-37）。

7. 攻螺纹固定循环

攻螺纹固定循环和单程钻孔循环非常相似，只是前者在主轴转速和 *Z* 轴进给速度之间必须要有精确的协调性。当丝锥开始切削时，主轴转速必须和进给速度精确地匹配，使丝锥不会过紧和折断。随着丝锥接近期望的深度，必须降低主轴转速和进给速度，使二者在丝锥达到最终深度时都停止运动。最后，主轴以相反的转向和进给方向同步从孔里退出。

G84 固定循环用于右旋攻螺纹，G74 固定循环用于左旋攻螺纹。执行这些循环指令时，自动地进给丝锥进入孔，然后再自动地反转主轴和进给方向从孔里退出。用 R、Z 和 F 指定的变量和那些用在 G81 钻孔循环指令里的是一样的。

一个丝锥每转一转，进入工件一个螺纹深度，所以 *IPR* 进给速度和丝锥的螺距是相等的，或 1/TPI。如果使用 *IPM* 进给速度，*IPM*=*IPR* × *RPM*。如果进给速度是一个无限小的数，将其四舍五入至机床控制系统能接受的尽量多的位数（典型的是 4 位）。

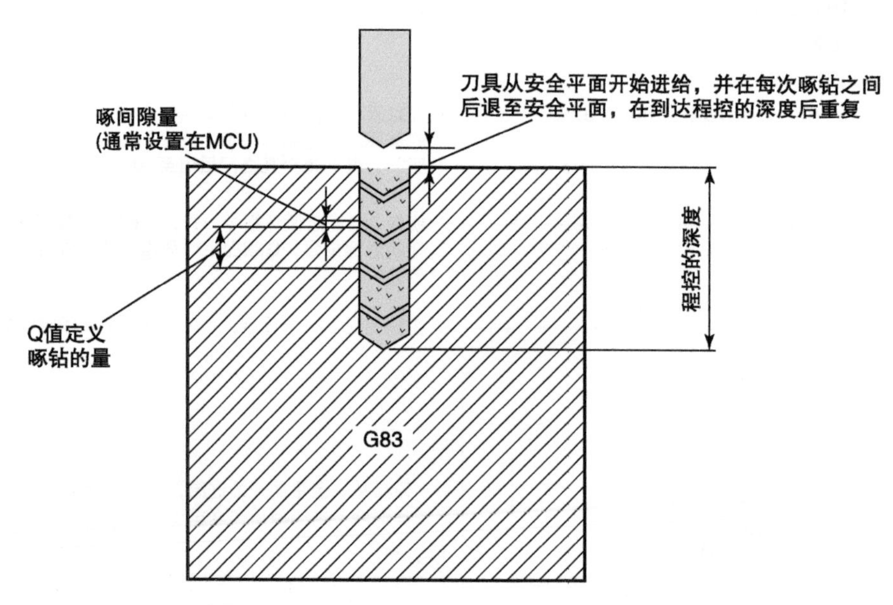

图 6-35　G83 固定循环

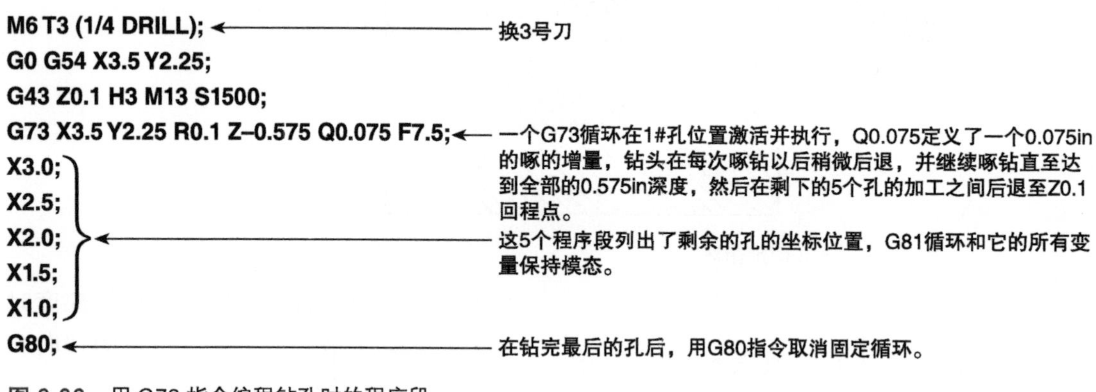

图 6-36　用 G73 指令编程钻孔时的程序段

```
M6 T3 (1/4 DRILL);                        ← 换3号刀
G0 G54 X3.5 Y2.25;
G43 Z0.1 H3 M13 S1500;
G83 X3.5 Y2.25 R0.1 Z–0.575 Q0.075 F7.5;  ← 一个G83循环在1#位置激活并执行，Q0.075定义了一个0.075in的啄增量。在每次啄钻完以后，钻头会完全从孔里退出，继续啄钻直至达到全部的0.575in深度，然后在剩余的5个孔加工之间后退至Z0.1回程点。
X3.0;
X2.5;
X2.0;                                     ← 这5个程序段列出了剩余的孔的坐标位置，G83循环指令及其所有变量保持模态。
X1.5;
X1.0;
G80;                                      ← 在钻完最后的孔后，用G80指令取消固定循环。
```

图 6-37　用 G83 指令编程钻孔时的程序段

8. 标准攻螺纹固定循环

为防止丝锥破损，有些机床不能精确匹配主轴转速和 Z 轴进给速度。当在这些机床上攻螺纹时，有必要用一个浮动丝锥夹头补偿主轴转速和进给速度之间的小误差。

在图 6-38 所示的 G84 应用示例程序中使用了和以前的示例相同的坐标位置来攻 6 个 1/4-20 的孔。使用左旋攻螺纹循环指令也一样，只是用 G74 代替 G84，并且主轴需要用 M4 编程为逆时针方向转动。当攻螺纹时，一个好的做法是增大安全平面高度，以确保在向下一个位置移动前，浮动夹头完全地从孔里后退出来。

9. 刚性攻螺纹固定循环

在整个攻螺纹的过程中，有些机床上可用一种更精确的匹配主轴转速和进给速度的方法，具有这个特征的操作称为刚性攻螺纹，因为丝锥不需要安装在一个浮动夹头上，而是被刚性地固定在一个筒夹卡盘或丝锥卡盘上。当编程刚性攻螺纹时，按照常规的方法把主轴编程为需要的速度，在 G84 或 G74 行之前应编一段必需的额外的程序段，这个程序段用 M29 指令激活刚性攻螺纹并必须再次指定主轴转速。例如，如果主轴以 500r/min 起动，下一个程序段必须是 M29 S500。

图 6-39 所示的刚性攻螺纹示例程序中使用了和以前攻螺纹的示例相同的信息，适用于有刚性攻螺纹功能机床。

10. 初始平面和回程平面

到目前为止，所有的固定循环示例中都使用一个等于安全平面的 R 值，这个在

```
M6 T4 (1/4–20 TAP);                    ← 换4号刀——丝锥
G0 G54 X3.5 Y2.25;
G43 Z0.25 H4 M13 S200 G95;             ← 安全平面设置为0.25，以增加安全性，G95设置IPR进给速度模式。
G84 X3.5 Y2.25 R0.25 Z–0.5 F0.05;      ← G84循环被激活并且在1#位置的孔攻螺纹，进给速度等于丝锥的螺距。
X3.0;
X2.5;
X2.0;                                  ← 这5个程序段列出了剩余的孔的坐标位置，G81循环指令及其所有变量保持模态。
X1.5;
X1.0;
G80;                                   ← 在攻完最后一个螺纹孔后，用G80指令取消固定循环。
```

图 6-38　G84 应用示例程序

```
M6 T4 (1/4–20 TAP);
G0 G54 X3.5 Y2.25;
G43 Z0.25 H4 M13 S200 G95;
M29 S200;                              ← M29激活刚性攻螺纹，并再次指定200r/min的主轴转速。
G84 X3.5 Y2.25 R0.25 Z–0.5 F0.05;      ← 刚性攻螺纹的G84程序段和使用一个浮动夹头攻螺纹是一样的。
X3.0;
X2.5;
X2.0;                                  ← 这5个程序段列出了剩余的孔的坐标位置，G84循环及其所有变量保持模态。
X1.5;
X1.0;
G80;                                   ← 在攻完最后的螺纹孔后，用G80指令取消固定循环。
```

图 6-39　刚性攻螺纹示例程序

安全平面的 Z 向高度称为初始平面，它是当固定循环被激活时刀具定位的 Z 向高度。通常，刀具是通过编程后退至 Z 向高度的，但是固定循环指令还有使用返回点的功能，它不同于初始平面。这个平面称为回程平面，或 R 平面。用 R 值指定回程平面，在开始进给前刀具快速移位到该位置，这个位置也是使用 G83 循环时在啄之间后退到位置。固定循环激活程序段中用 G98 指令规定刀具在孔位置之间回程至初始的 Z 向安全平面。

用 G99 指令规定刀具回程至 R 平面，该平面是在固定循环激活程序段里在孔位置之间定义的。

当两者都没有指定时，机床默认为 G98，即前面的固定循环示例情况。这两种选择在下列情况中非常有用：要钻孔的表面低于工件的顶面（如在一个腔体里）时，或是在孔之间有障碍物如凸起的零件特征或工件夹持装置时。图 6-40~ 图 6-42 所示为一些有不同 R 平面的 G98 和 G99 指令应用示例。

注　意

当使用 G99 指令时要谨慎，要确保在孔位置间移动时回程点设置不会引起碰撞。

```
M6 T3 (1/4 DRILL);
G0 G54 X3.5 Y2.25;
G43 Z1.5 H3 M13 S1500;
G83 X3.5 Y2.25 R0.1 Z–0.575 Q0.075 F7.5 G98;
X3.0;
G80;
```

初始安全平面是Z1.5，确保刀具远离那些位于工件顶面以上的夹钳。

回程点是Z0.1，因为由R0.1定义。刀具会快速移位至Z1.5，然后再次快速移位至Z0.1，啄钻1#孔。刀具在啄钻过程中仅回程至Z0.1。
在达到程控的深度以后，刀具回程至Z1.5，向下一个孔位置移动，快速移位至Z0.1，然后再重复以上动作。

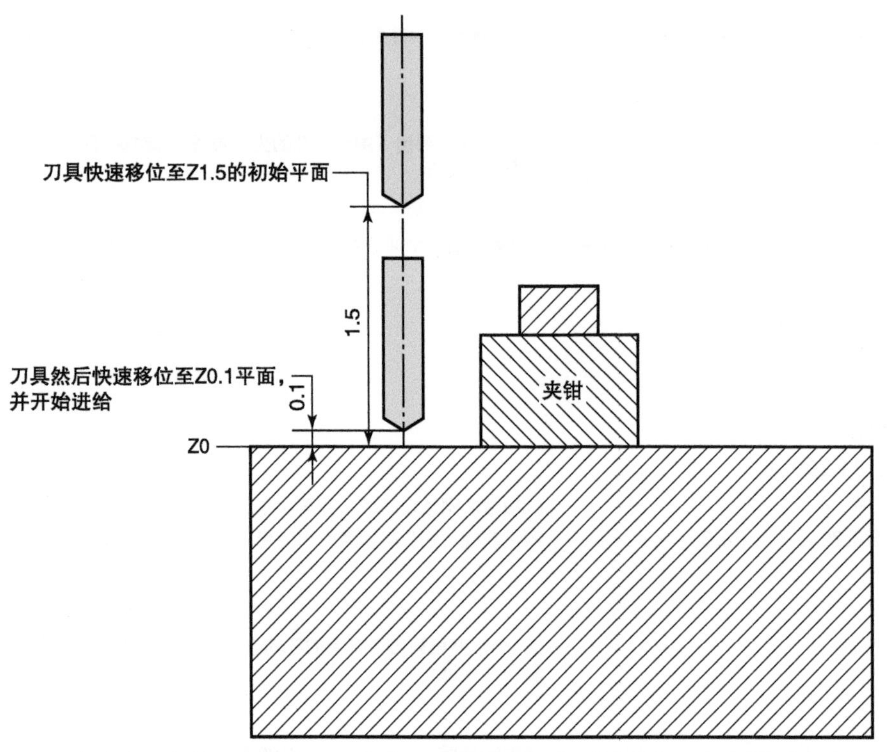

图 6-40　在一个固定循环中使用 G98 指令，刀具在啄钻过程中回程至 Z0.1 R 平面，在孔位置之间回程至 Z1.5 初始平面

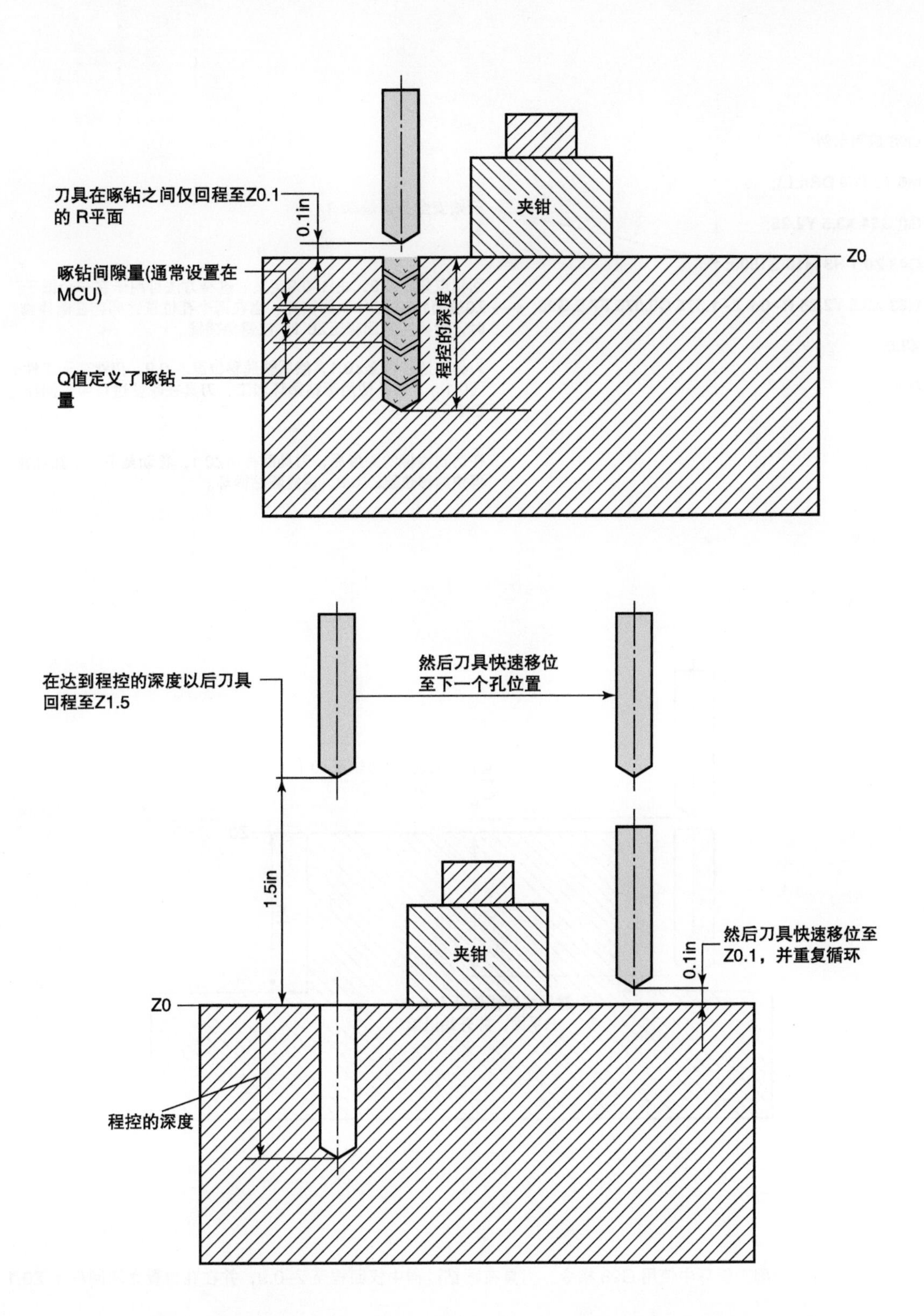

图 6-40　在一个固定循环中使用 G98 指令，刀具在啄钻之间回程至 Z0.1 R 平面，在孔位置之间回程至 Z1.5 初始平面（续）

G98 应用示例:

```
M6 T3 (1/4 DRILL);
G0 G54 X3.5 Y2.25;
G43 Z0.1 H3 M13 S1500;
G83 X3.5 Y2.25 R-0.9 Z-1.575 Q0.075 F7.5 G98;
X3.0;
G80;
```

初始安全平面是Z0.1。（G43 Z0.1 H3 M13 S1500;）

回程点是Z-0.9，由R-0.9定义。这种方法可用于在一个低于Z0表面1in的工件表面钻孔，当在两个孔位置之间存在障碍物时，需要完全回程至Z0.1，以避免碰撞。（G83 X3.5 Y2.25 R-0.9 Z-1.575 Q0.075 F7.5 G98;）

刀具快速移位至Z0.1，然后快速移位至Z-0.9，仍然高于工件表面0.1in。1#孔使用啄钻循环加工，刀具在啄钻过程中仅回程至Z-0.9。

在达到程控的深度后，刀具回程至Z0.1，移动至下一个孔位置，再快速移位至Z-0.9，重复啄钻循环。

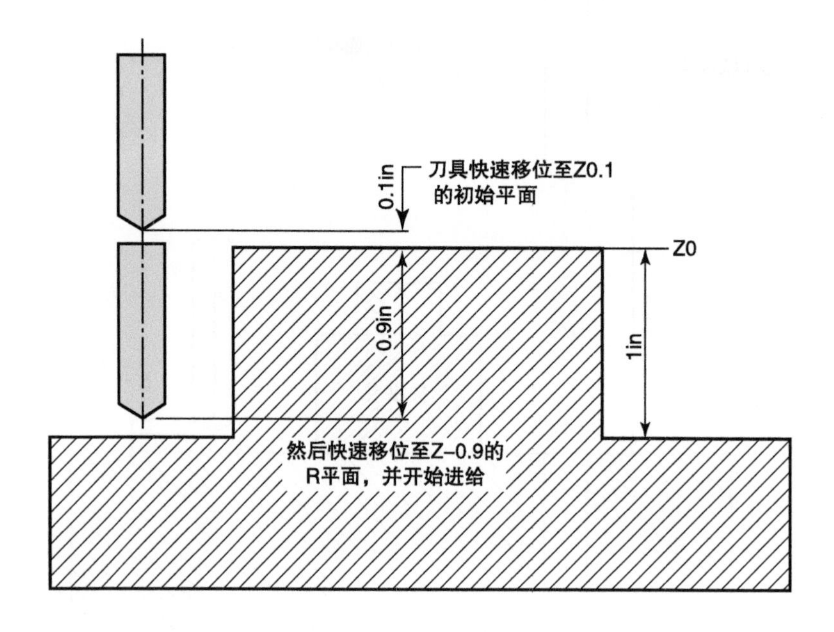

图 6-41　在一个固定循环中使用 G98 指令，刀具在啄钻过程中仅回程至 Z-0.9，并在孔位置之间回程至 Z0.1

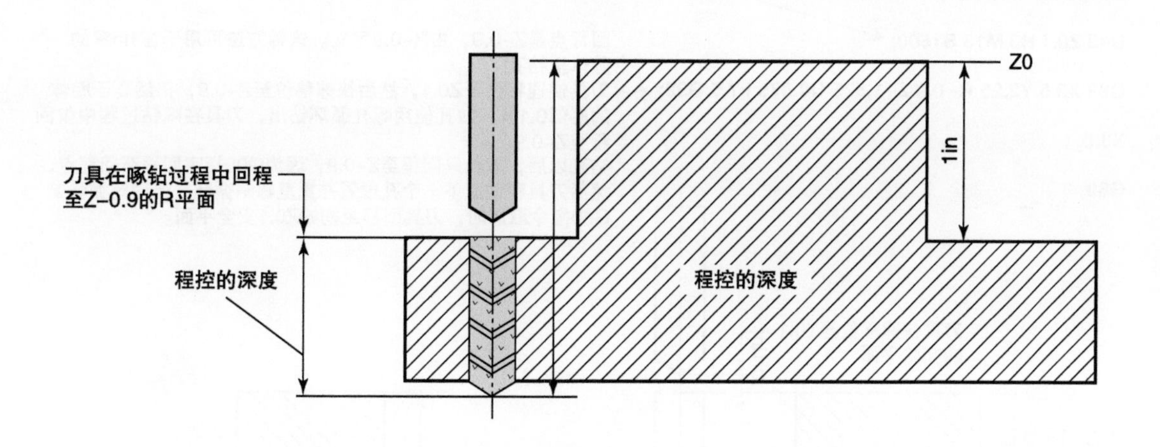
Z0
1in
刀具在啄钻过程中回程
至Z-0.9的R平面
程控的深度
程控的深度

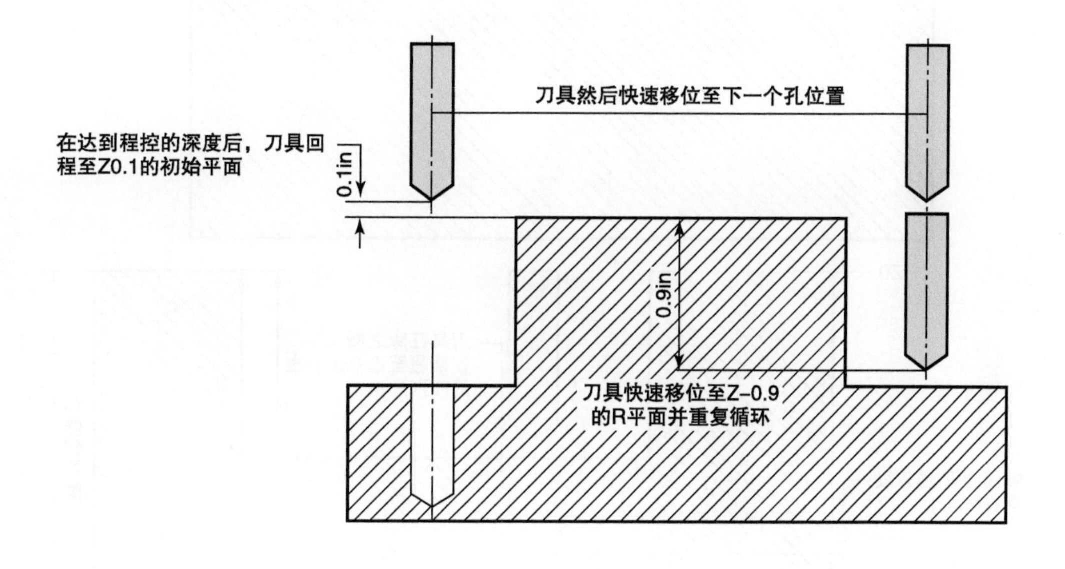
刀具然后快速移位至下一个孔位置
在达到程控的深度后，刀具回
程至Z0.1的初始平面
0.1in
0.9in
刀具快速移位至Z-0.9
的R平面并重复循环

初始平面

G99 应用示例：

```
M6 T3 (1/4 DRILL);
G0 G54 X3.5 Y2.25;
G43 Z0.1 H3 M13 S1500;
G83 X3.5 Y2.25 R-0.9 Z-1.575 Q0.075 F7.5 G99;
X3.0;
G80;
```

初始安全平面是Z0.1。

回程点是Z-0.9，由R-0.9定义。这种方法可用于在1in深的腔体里钻孔。

刀具快速移位至Z0.1，然后快速移位至Z-0.9，仍然高于腔体的底部0.1in。1#孔使用啄孔循环钻出，刀具在啄钻过程中仅回程至Z-0.9。

钻孔以后，刀具只回程至Z-0.9，因为G99指定回程至回程点，然后刀具移动至下一个孔位置并重复啄钻循环。当固定循环被G80指令取消时，刀具回程至初始Z0.1安全平面。

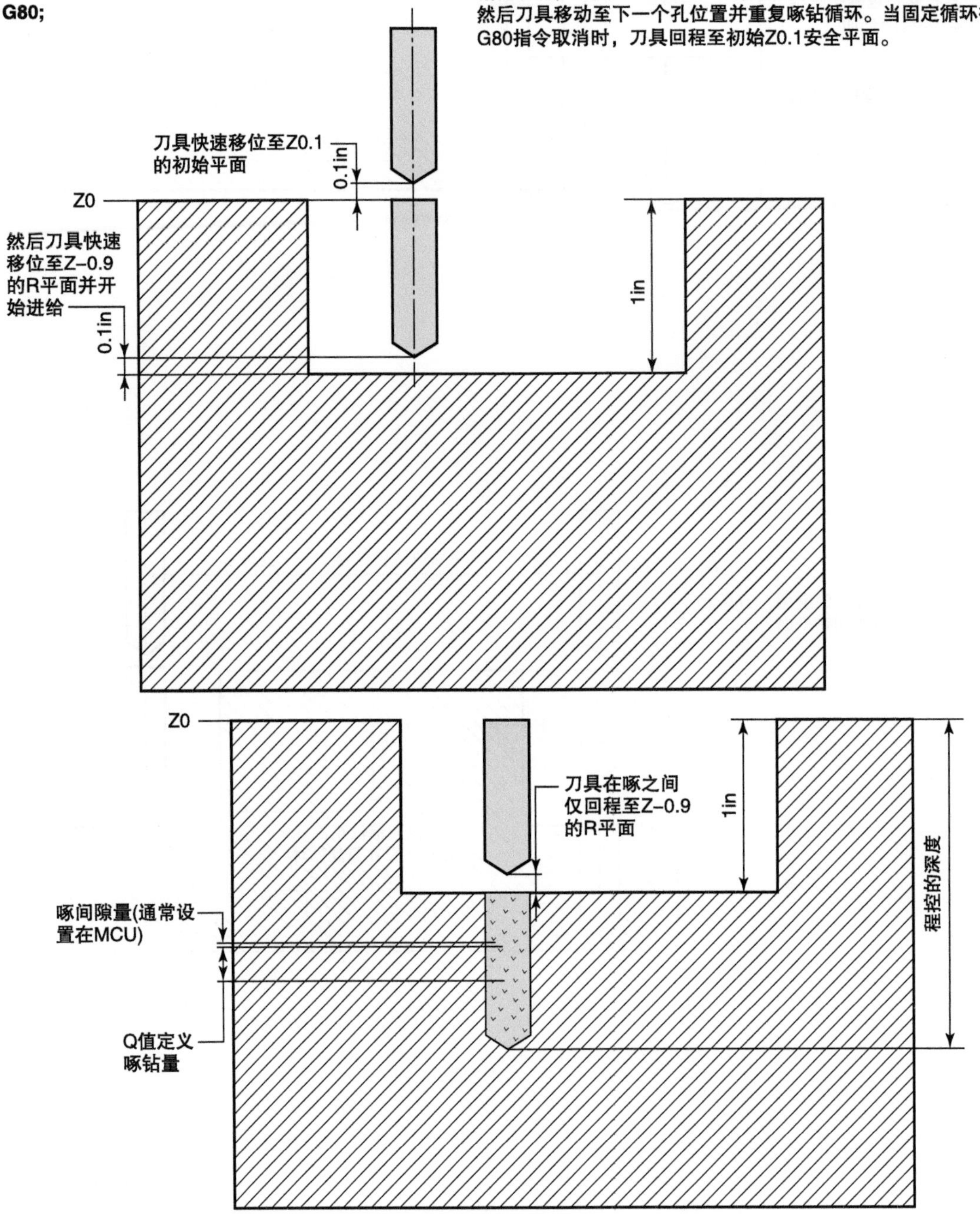

刀具快速移位至Z0.1
的初始平面
0.1in
Z0
然后刀具快速
移位至Z-0.9
的R平面并开
始进给
0.1in
1in

Z0
刀具在啄之间
仅回程至Z-0.9
的R平面
1in
程控的深度
啄间隙量(通常设
置在MCU)
Q值定义
啄钻量

图 6-42 执行用 G99 的固定循环指令，在啄钻过程中和孔位置之间刀具均回程至 Z-0.9 的 R 平面，当固定循环

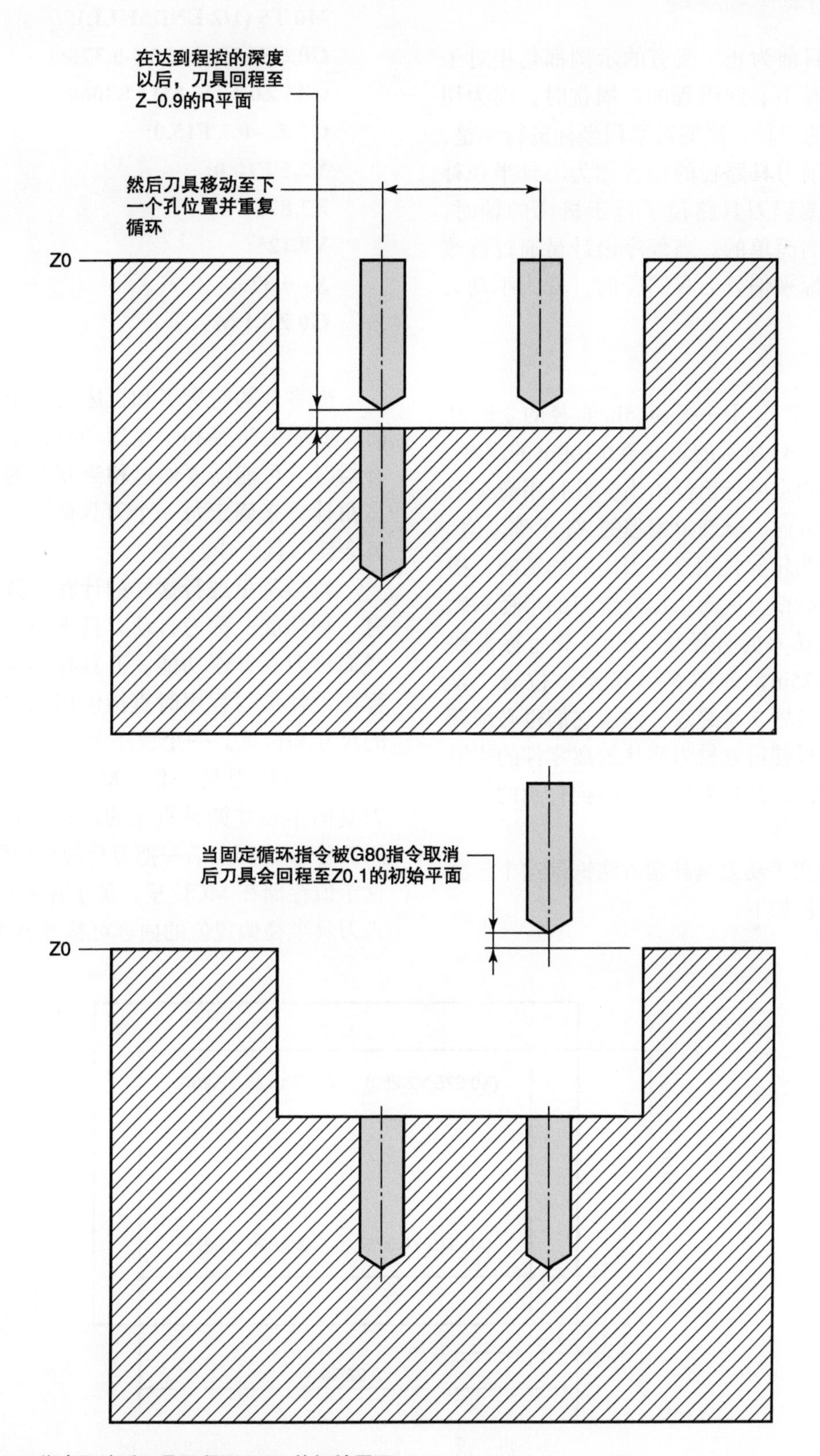

指令被 G80 指令取消后刀具回程至 Z0.1 的初始平面

6.7 刀具半径补偿

到目前为止，所有的示例都是相对于切削刀具中心线编程的。周铣时，因为切削刀具的半径，需要对编程坐标进行调整，这种切削刀具路径的偏置称为刀具半径补偿。当编程刀具路径平行于机床的轴时，这是相当简单的。当程序设计员通过修改编程坐标来偏置刀具路径时，称为手动刀具补偿。

【例 7】 用一把 ϕ0.5in 直径的立铣刀铣削图 6-43 所示的轮廓至 0.100in 的深度，轮廓的拐点坐标已经给出，并且用箭头示出切削方向。试确定编程的 *X*、*Y* 坐标值。

因为轮廓是用立铣刀周铣加工的，拐点的坐标偏置值需根据立铣刀的半径来确定。立铣刀的直径是 0.5in，故坐标需要偏置 0.25in，如图 6-44 所示。位置 1 是起点，位置 5 是终点，注意它们也必须调整，这样使得立铣刀要从远离零件的边沿开始切削，并且要完全进给到轮廓的终点后离开工件。

使用手动刀具补偿方法铣削这个轮廓的程序段如下：

```
M6 T5 (1/2 ENDMILL);
G0 G54 X0.125 Y–0.375;
G43 Z0.1 H5 M13 S3000;
G1 Z –0.1 F15.0;
Y2.5 F10.0;
X3.875;
Y0.125;
X–0.375;
G0 Z0.1 M9;
```

当零件的轮廓不和机床的一个轴平行时，如需要半径和角度运动时，手动刀具补偿时，可能需要通过相当复杂的几何和三角计算来确定每一个刀具位置，这些计算会耗时且乏味。

为了避免进行这样的计算，数控铣床有一种功能，称为自动刀具半径补偿功能或简称刀具补偿功能。刀具补偿功能允许程序设计员写程序时直接使用工程图样上的尺寸和位置。一个程序中 G41 或 G42 指令用于激活刀具补偿，MCU 自动地补偿刀具的半径并调整机床的运动，并且必须用 D 字母编程激活一把刀具的半径偏置值，这个值存储在 MCU 里。关于在 MCU 里输入刀具半径偏置值的内容可参考第 7 章。

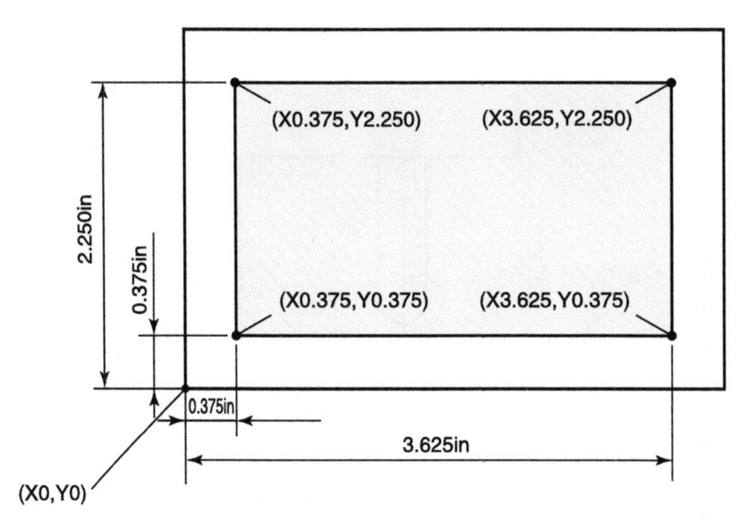

图 6-43 编程一个简单的轮廓铣削需要的工件尺寸和坐标

G41 指令用于刀具左补偿，G42 指令用于刀具右补偿，图 6-45 举例说明了刀具左补偿和刀具右补偿。关于刀具左补偿和刀具右补偿需要记住的是 G41（左）在顺铣时需要，G42（右）在逆铣时需要。因为绝大多数的数控铣削是顺铣，所以 G41 更常用。刀具补偿是模态指令，并且必须在使用后用 G40 指令取消。图 6-46 所示为一个用于激活刀具半径补偿的程序段示例。

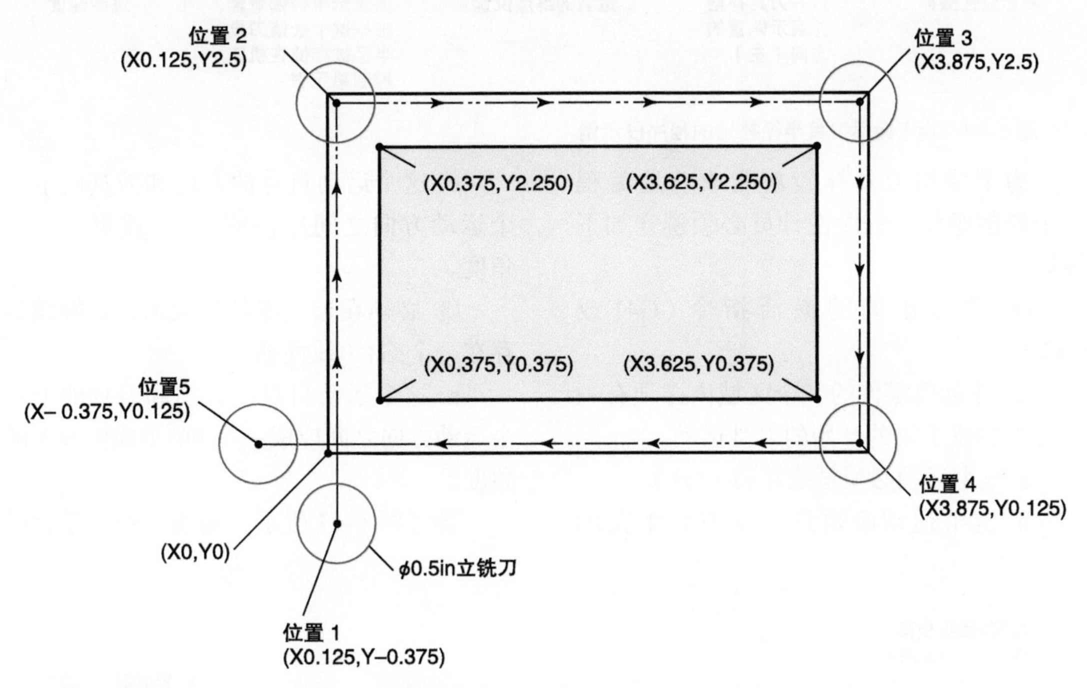

图 6-44 在手动刀具半径补偿中，编程需要的坐标是通过用切削刀具的半径抵消掉工件的坐标来确定的。需要计算从距离零件边沿一定安全距离开始进给的起点位置（位置 1）坐标及离开零件轮廓的终点位置（位置 5）坐标

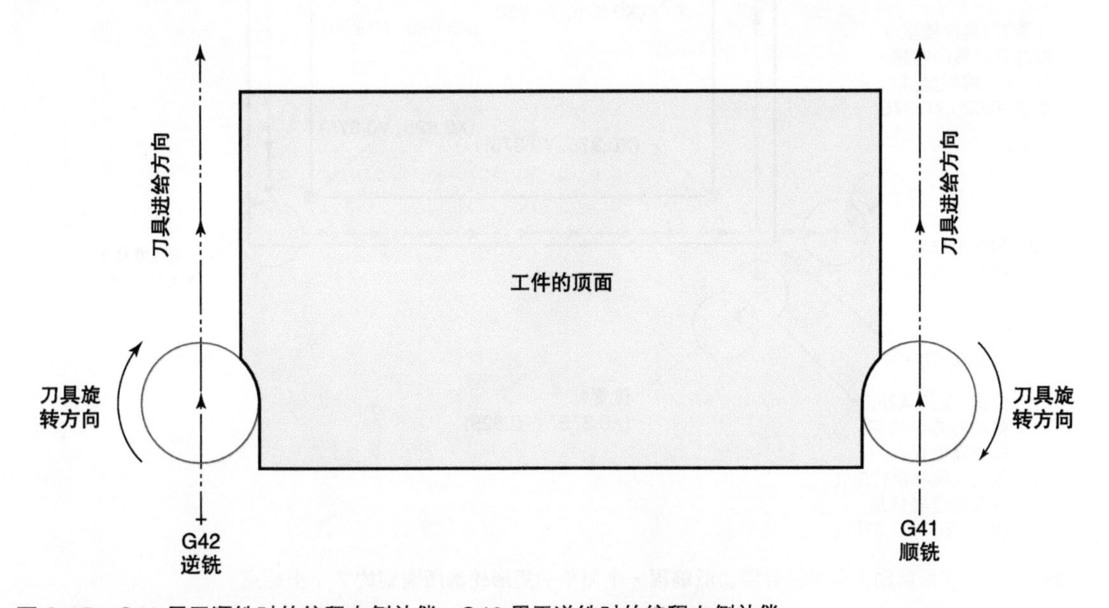

图 6-45 G41 用于顺铣时的编程右侧补偿，G42 用于逆铣时的编程左侧补偿

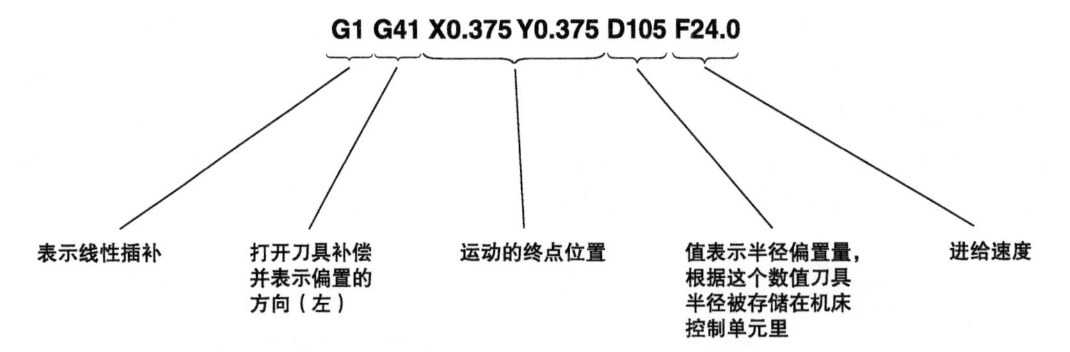

图 6-46　用于激活刀具半径补偿的程序段示例

为了使用刀具补偿功能成功地编程一个铣削操作，程序设计员必须遵守如下规则：

① 选择正确的激活指令（G41 或 G42）。

② 在远离零件的一个区域内必须有一个沿 *X* 轴或 *Y* 轴的开始的刀具运动。

a. 这个运动必须是线性的（G1）。

b. 这个运动必须是至少刀具半径的尺寸。

c. 这个运动自身的方向和刀具的下一个运动方向之间应该成 90°（或更大）的角度。

③ 必须在远离零件处取消刀具补偿时存在一个 G1（线性插补）。

a. 这个运动自身的方向和刀具的下一个运动方向之间应成一个 90°（或更大）的角度。

参考图 6-47 所示，阅读下列关于怎样

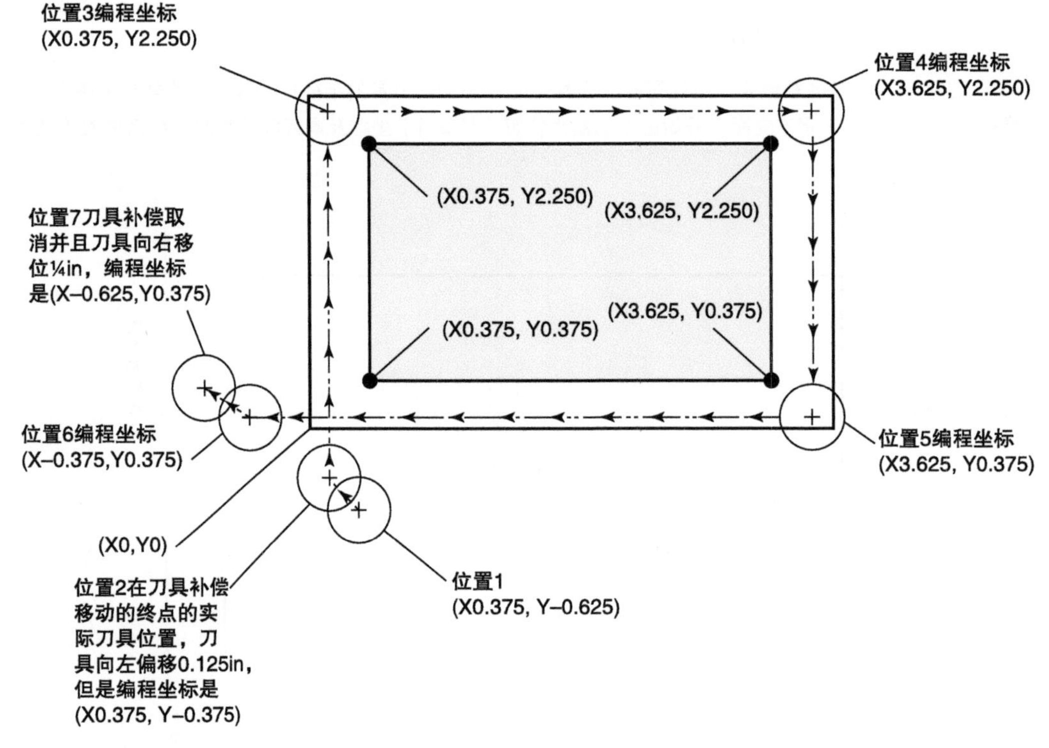

图 6-47　使用自动刀具半径补偿功能编程一个简单的矩形轮廓所需要的 7 个坐标点

注：为使读者阅读方便，此图仅示意作用，尺寸比例可忽略。

使用刀具补偿来编程一个简单的轮廓。

起始点的 Y 坐标应该至少向下移动刀具的半径，以确保在刀具补偿激活运动中刀具不会接触工件。在刀具补偿激活程序段，实际的刀具运动是从位置 1 到位置 2。终点的 X 坐标应该在取消刀具补偿的运动之前至少向左移动刀具的半径，以完全从工件上移开刀具。

使用自动刀具补偿功能铣削这个轮廓的程序段如图 6-48 所示。

```
M6 T5 (1/2 ENDMILL);
G0 G54 X0.375 Y-0.625;    ← 在接触工件之前初始位置使用X坐标和小0.125in的Y坐标，要考虑刀具补偿偏置量 。
G43 Z0.1 H5 M13 S3000;
G1 Z-0.1 F15.0;
G41 Y-0.375 D105 F10.0;   ← G41程序段激活刀具左补偿，前面的程序段里的G1仍然是有效的，D105 激活存储在MCU里的#105刀具半径偏置量。
Y2.25;
X3.625;
Y0.375;                   ← 一旦刀具补偿有效，轮廓的坐标可以直接采用图样上的坐标。
X-0.375;
G40 X-0.625               ← 用G40 程序段取消刀具补偿，这个移动必须是线性的。
```

图　6-48

第7章 数控铣削设置和操作

- 7.1 机床控制面板
- 7.2 工件夹持设置
- 7.3 机床坐标系和工件坐标系
- 7.4 上电和复位
- 7.5 工件偏置设置
- 7.6 切削刀具
- 7.7 程序入口
- 7.8 机床操作

7.1　机床控制面板

数控铣床的控制面板通常附带在 MCU 上，这个面板包含一个显示屏和所有的按钮、键、开关旋钮和刻度盘，用于编程、设置和操作机床。典型的数控铣床控制面板如图 7-1 所示。

显示屏用于显示程序、机床位置和各个机床设置页，菜单按钮用于浏览设置页并输入数据，大多数的按钮上都标有描述其功能的字母或图片，还有些机床上有称为软键的按钮，它们没有印刷标签，但是在显示屏上有与之匹配的功能标签（见图 7-2），一个有字母和数字的键盘用于键控输入程序和其他数据。

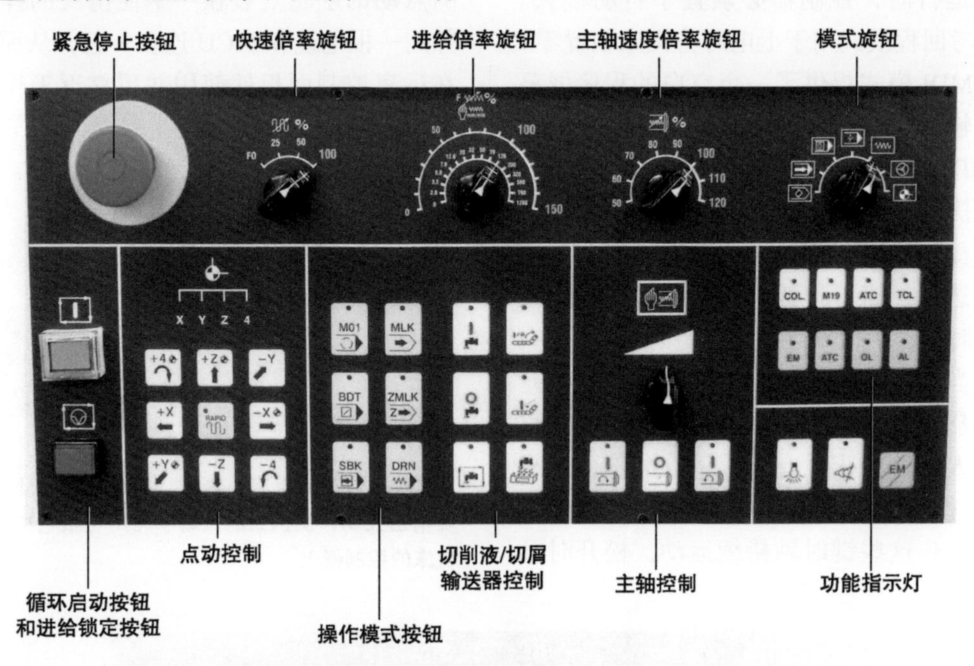

图 7-1　典型的数控铣床控制面板

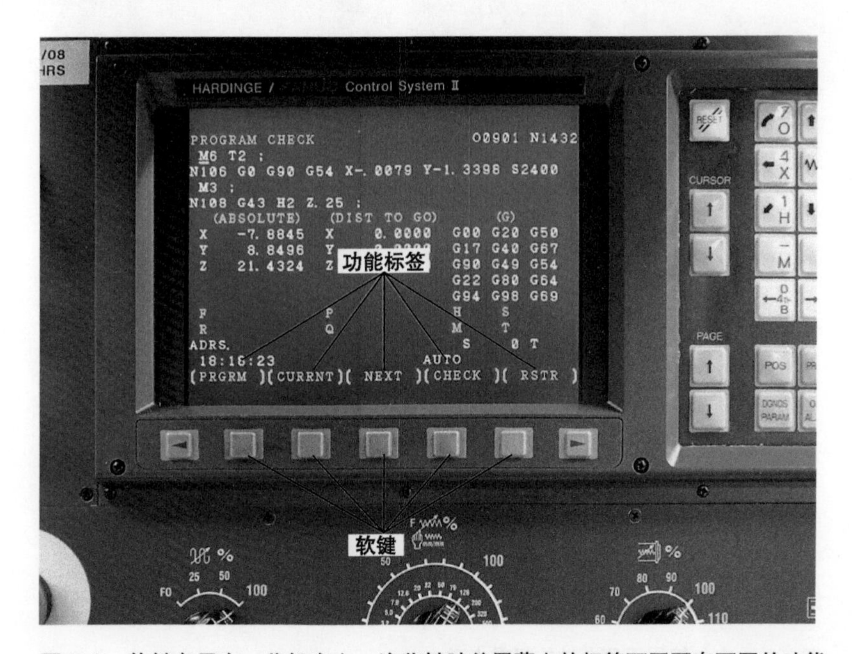

图 7-2　软键盘用在一些机床上，这些键随着屏幕上的标签不同而有不同的功能

模式旋钮用于从一个机床操作模式切换为另一个（见图 7-1）。可选择的机床模式包括点动、自动、手动数据输入（MDI）、编辑和零参考回程。

编辑模式允许把新程序输入存储器或修改一个已有程序，它通常也是加载已存储的程序准备使用所要求的模式。当程序将要运行时，控制器必须置于自动模式。零参考回程模式用于上电时将机床轴置零。

MDI 模式提供了一个空白的程序屏幕以便输入短的程序或单个的程序指令。输入 MDI 的程序数据不保存在存储器里，而是在执行完以后就被擦除，因此 MDI 对简短的操作（用在设置或故障排除中）是理想的选择，如刀具切换、主轴起动命令或设置时移动一根轴至一个指定的坐标。

当打开点动模式时，在机床设置中允许用户通过按钮和一个小手轮来控制轴移动，大多数机床上有正、负方向键，用来点动（移动）每个轴（见图 7-3）。按住并保持住这些键时轴持续运动，松开时轴停止运动。当用方向键点动时，大多数机床上都使用快速倍率旋钮或进给倍率旋钮（见图 7-1）来改变进给速度。当点动机床轴时，可通过旋转手轮来移动轴，使其按照不同的增量步幅移动，以实现精密控制。手轮的这种增量步幅通常是每点动一次移动 0.010in、0.001in 或 0.0001in。很多机床的点动的手轮安装在一个便携式的挂件上并用一根电缆和 MCU 连在一起，从而允许在远离控制面板处使用并更靠近工作区域（见图 7-4）。

图 7-4　当点动机床的轴时，可用一个点动手轮实现精密控制，便携式的点动手轮用一根电缆连接到机床的控制器上

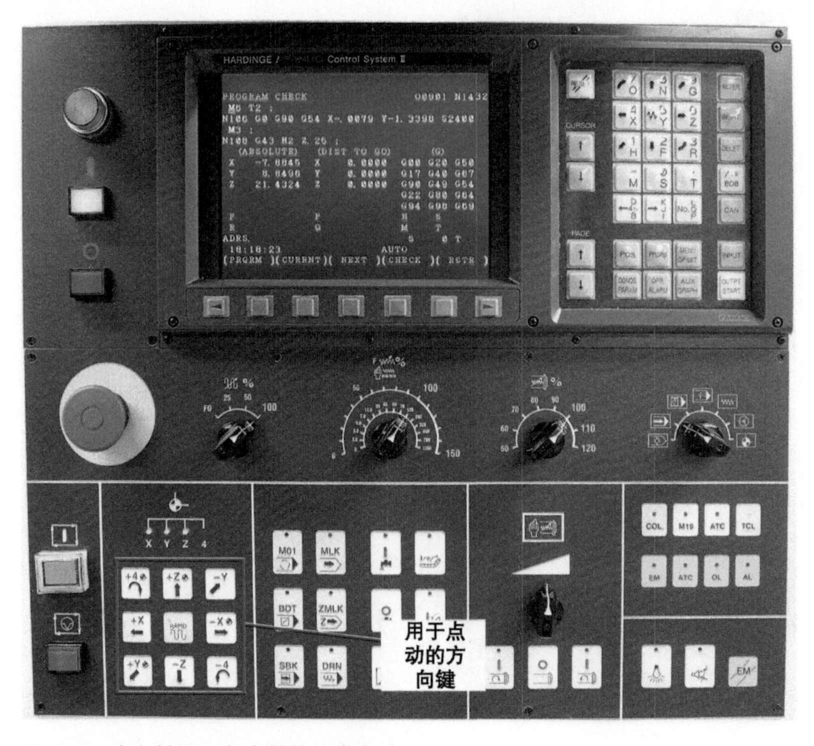

图 7-3　方向键用于每个轴的经常点动

循环启动、进给锁定和紧急停止按钮也位于控制面板上（见图 7-1）。循环启动按钮用于启动数控程序并且通常是绿色的。进给锁定按钮通常位于循环启动按钮旁边，并且当正运行一个程序时按下该按钮，则停止轴进给。在紧急或碰撞情况下，能通过按红色的紧急停止按钮（有时称为 E 停止按钮）来立即停止主轴和所有的轴运动。进给倍率旋钮允许减小、增加甚至停止编程的进给速度。大多数机床也配置有一个快速倍率旋钮，用于程序正在运行时停止快速进给运动或降低快速运动速度，或者改变点动速度。一个主轴速度倍率旋钮可用于降低或增加主轴转速（见图 7-5）。

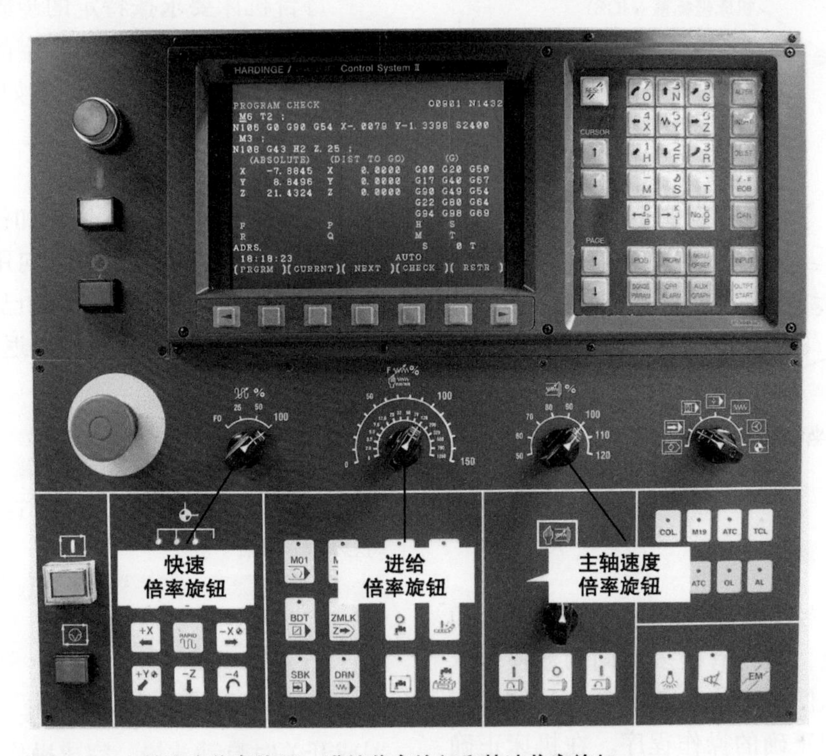

图 7-5　主轴速度倍率旋钮、进给倍率旋钮和快速倍率旋钮

7.2　工件夹持设置

当使用机用虎钳或夹具时，应检查并清除工作台和底座上的碎片和缺陷，一旦装置已经检查和清理过，就把它放在工作台上，使用一个千分表对齐并在正确确定方位后夹紧。如果使用平行块，必须进行挑选，使工件在机用虎钳上有正确的高度，平行块在机用虎钳底座上的宽度和放置也要进行规划，使刀具在加工工件过程中始终不会碰撞到平行块。

当使用夹钳时，需要注意它们的整体高度，要有策略地放置夹钳，以免在机床运动中发生碰撞，在普通铣床上对齐工件的操作规程同样也适用于数控铣床。

不管使用哪一种装置，当要加工多个零件时，应对每个工件在夹持器和机用虎钳的螺杆上使用相同的转矩，以便使零件的定位是一致的，这对防止软的或薄的零件发生变形特别重要。

7.3　机床坐标系和工件坐标系

确定工件上原点位置的笛卡儿坐标系称为工件坐标系（WCS），WCS 是可以移动的，并且为了编程方便，它在工件上的原点能被放置在任何位置。机床有自己的一个坐标系，称为机床坐标系（MCS），这个坐标系是在一个固定的位置并且是不能变化或移动的。MCS用于机床的自我参考，并在机床超程之前，帮助机床跟踪每个轴能移动多远。这两个坐标系在机床的设置中起着至关重要的作用（见图7-6）。

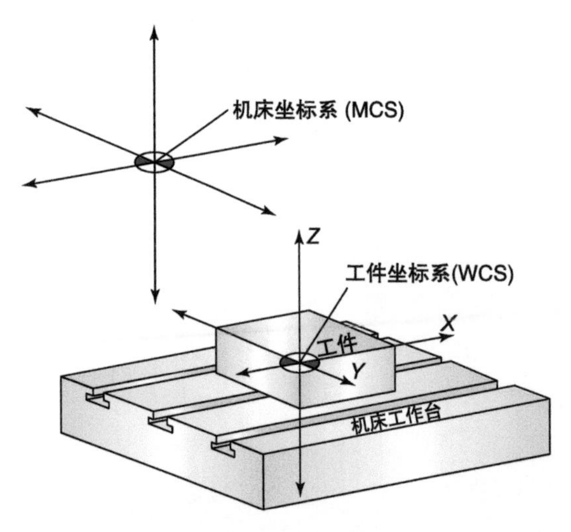

图7-6　机床坐标系（MCS）和工件坐标系（WCS）的关系

7.4　上电和复位

操作数控铣削设备的第一步是正确地给机床上电，因为有很多不同的数控铣床类型，实际使用时应参考特定的数控铣床手册来查阅正确的操作程序。在机床正确打开以后，大多数的机床要求零点返回机床的WCS原点，或机床原点。这个过程称为复位。已知机床轴的移动是通过用一台伺服电动机带动一根滚珠丝杠来实现的。此外，这台电动机能根据轴的转动量监控并调整轴的位置。当机床的电源关闭以后，MCU不能再继续监控并保持轴的位置，容易失去它的位置轨迹。因此，数控机床每次开机上电时，都必须进行复位操作。复位操作用于复位并建立MCS位置，以便它可以再次记录位置。一些较新的机床有绝对编码器，它可以存储位置，甚至在电源关闭的情况下。因此，这些机床在每次电源打开时不需要进行复位。

通过复位，机床也能“记起”那些在机床电源关闭之前有效的WCS的位置，这就防止了机床每次上电时都必须重新设定工件原点的位置。复位这么重要的另一个原因是一旦机床知道每个轴定位在哪里，它也会知道滑动的行程极限，机床超出其行程极限时可能导致严重的机床损坏。

每台机床要求按特定的步骤完成复位程序，这些步骤可在一个特定的机床操作手册里找到，但是基本的步骤如下：

① 在机床控制面板上选择“零点返回”或“复位”模式。

② 沿着机床原点（通常和机床坐标系的原点有相同的位置）的方向用点动方向键点动每一个轴。如果机床轴已经在原点，它们必须被点动远离，然后再返回原点。

注　意

最安全的是首先复位Z轴，这样就不会妨碍移动其他轴了。

③ 每个轴的方向合适时，大多数机床会自动地移动轴，然后当其接近一个传感器或开关时自动放慢，完成操作。

④ 当开关跳闸时，机床会置零机床坐标系并准备使用以前的设置开始或启动加工。

7.5　工件偏置设置

工件设置操作用于确定工件偏置量或WCS的原点位置，所有编程用的工件坐标都是以这个原点为参考的。操作目的是找到从MCS原点到预期的WCS原点的偏置或“移位”。铣削工件偏置通常是确定X轴、Y轴和Z轴偏置。

MCS原点是工厂设定的并且从来不会改变的位置，它在每次机床复位时，都被归零存储在相同的位置，把这个点看作一个不变的参照点。因为这个机床原点的位置从来不发生变化，但是工件的原点随着每个新工件的设置而发生变化，工件偏置被定义为一个相对于 MCS 原点的参考距离。一些控制装置把这个偏置称为一个轮班，因为它本质上是把机床原点轮换到工件原点的位置。图 7-7 所示为数控铣削轮班的图解说明。

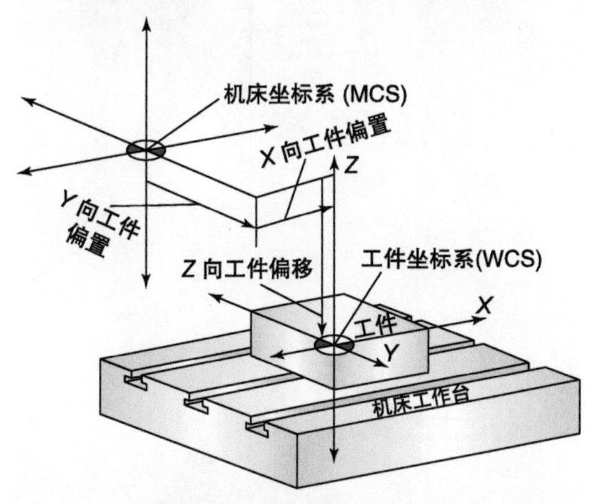

图 7-7 工件偏置或工件轮班，是从 MCS 的原点到期望的 WCS 原点的距离

不同铣削工件的形状、位置和原点布置不同，因此，每一个新设置的工件必须通过建立一个新的 WCS 来把原点归零。机床就位以后，可通过按“set X”键、“set Y”键或“set Z”键来自动设定工件偏置值。

有时，机床上有不止一个工件夹持装置，以便一次性在机床上装夹多个工件。因此，要为每个工件创建一个 WCS，工件坐标设置 1 的数据存储在工件偏移页的 G54 下，设置 2 的数据存储在 G55 下，以此类推。大多数机床针对多工件坐标系有 G54~G59 可以利用（一些机床有更多）。在一个程序中，任何工件坐标设置都可以通过合适的 G 指令（G54~G59）来激活。

7.5.1 工件 Z 轴的偏置设置

工件 *Z* 轴偏置通常要在一开始就建立，从而确定这个工件的 *Z* 轴零点，并且必须在设置刀具之前完成。

设置一个 *Z* 轴工件偏置值的基本步骤如下：

① 将工件安装在工件夹持装置上。

② 在 MDI 方式下用 M6 Tx 命令（x 是刀具编号）从 ATC 调用刀具并安装在主轴上，或者将刀具手动安装在主轴上。

③ 使用手轮通过点动方式使刀具靠近工件的顶面。

④ 使用 MDI 方式起动主轴（通常使用 M3 指令起动主轴顺时针旋转）。

⑤ 使用手轮慢慢沿 *Z* 轴点动刀具，使用 0.001in 的增量，直到它轻轻地接触零件的表面。

⑥ 点动 *X* 轴或 *Y* 轴，使刀具离开工件。

⑦ *Z* 轴降低足够的高度，“清理”顶面。

⑧ 使用点动手轮或点动方向键来移动 *X* 轴或 *Y* 轴，对零件的顶面进行端铣。

⑨ 手动卸下面铣刀，或者把刀具返回刀具架或刀具库，主轴上没有刀具。

⑩ 将一个量块放在新加工的零件顶面上。

⑪ 移动主轴头的端面靠近量块，直到能感觉到轻微的拖拽，在这个位置上，量块的长度是目标零件原点（加工的零件顶面）到主轴的端面（参考点）之间的距离。注意：主轴的端面用作设置的一个参考面，因为当它在 *Z* 轴方向定位在 MCS 原点时，MCS 位置是 Z0。

⑫ 结合量块的高度和 *Z* 轴方向机床坐标系的位置，可以确定从机床原点到工件原点表面的总距离（通常是一个很大的负数）。

⑬ 将 *Z* 轴偏置值（见图 7-8）输入工件偏置（或工件轮换）页。

在设置 *Z* 轴工件偏置值前先端铣工件的顶面，确保生成一个可以用于参考的平面。这也确保当下一件全厚度的坯料安装上时，Z0 面以上的材料可被铣去。面铣应一直在 Z0 面完成。

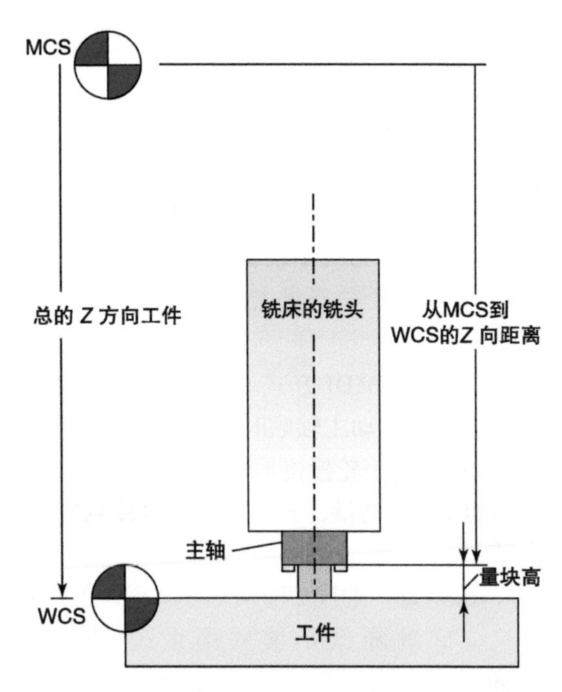

图 7-8　一台立式加工中以的主轴端面和一个用来确定 Z 轴工件偏置值的量块，注意 MCS 和 WCS 的关系

7.5.2　工件 X 轴和 Y 轴的偏置设置

建立 X 轴和 Y 轴的工件偏置时，通过一个寻边器或一个安装在主轴上的千分表来定位工件。如果工件有平行于 X 轴和 Y 轴的正方形的光滑边缘，可用一个寻边器找到与主轴相关的零件边沿的位置，就像在手动铣削章节所示的方法。图 7-9 所示为用寻边器定位零件的边沿。

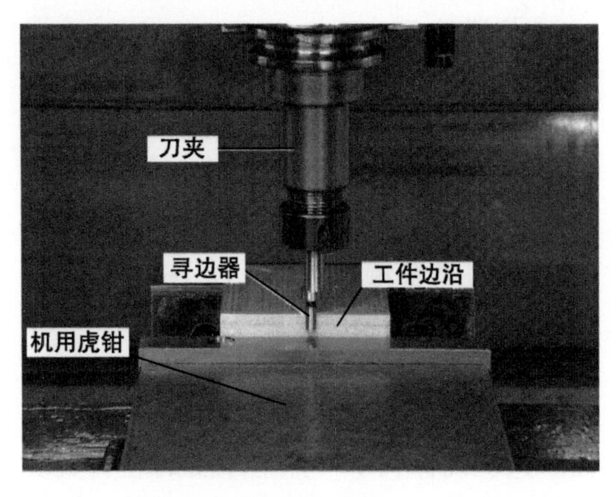

图 7-9　用寻边器定位零件的边沿

如果零件有一个光滑的圆特征，例如钻孔、铰孔或外直径，可在主轴上安装一个千分表，主轴旋转的同时扫掠圆的特征。当千分表在整个扫掠过程中读数都是零时，主轴已经和圆特征的中心线对齐了。图 7-10 所示为用一个安装在主轴上的千分表扫掠一个零件的圆特征。

图 7-10　通过用一个千分表进行扫掠来找到孔的中心

典型的使用一个寻边器进行 X 轴和 Y 轴工件偏置设置操作如下：

① 将工件安装在工件夹持装置上。

② 将一个寻边器安装在机床主轴里的一个合适的刀夹上。

③ 点动零件使寻边器的引导段靠近零件的边沿。

④ 起动主轴并设定转速为 1000 r/min。

⑤ 使用手轮点动轴来带动寻边器靠近零件边沿，使用 0.001in 的增量，当寻边器开始和工件进行接触时，它运行得更“正确”。

⑥ 一旦寻边器开始发出“咔哒”声，机床轴就停在那个位置并且主轴停止。

⑦ 记录现在的机床坐标位置。

⑧ 从这个点加上或减去寻边器的半径，以补偿寻边器的半径（见图7-11）。这个步骤从数学上确定了和机床原点相关的工件原点的位置。

⑨ 给相应的轴在工件偏移页输入偏置值。

⑩ 对另一个轴（不是 Z 轴）重复这些步骤。

图7-12所示为一个带尺寸的图例，描述和用来计算工件偏置值的MCS相关的零件原点和寻边器。

使用一个千分表进行 X 轴和 Y 轴工件偏置设置的基本步骤如下：

① 将工件安装在工件夹持装置上。

② 将一个寻边器安装在机床主轴里的一个合适的刀夹上。

③ 点动 X 轴和 Y 轴，使它们对齐扫掠直径。

④ 设定千分表的测头接触要扫掠的表面。

⑤ 用手转动主轴，并通过手轮点动来调整轴，直到扫掠的过程中一整圈在千分表上只看到最小可能的运动。这说明主轴

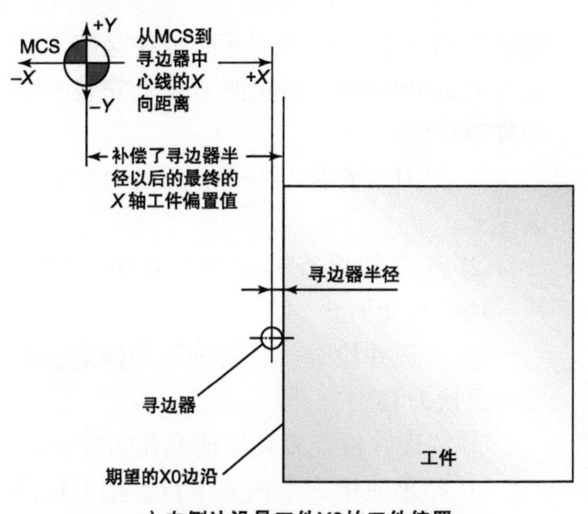

a）左侧边沿是工件X0的工件偏置

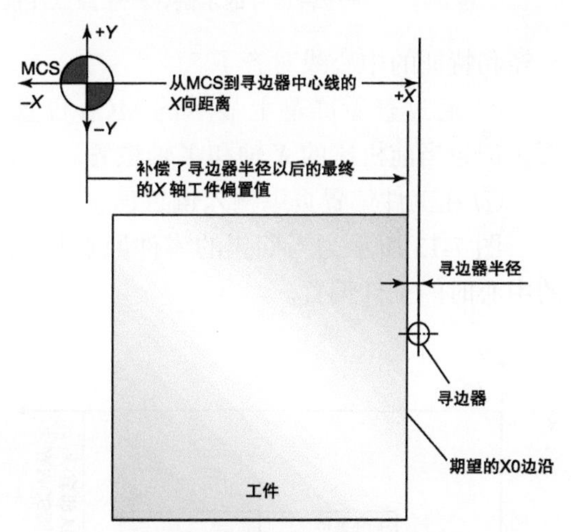

b）右侧边沿是工件X0的工件偏置

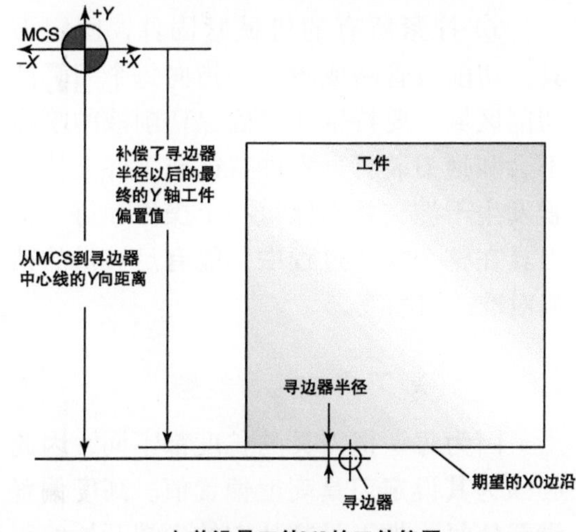

c）前沿是工件Y0的工件偏置

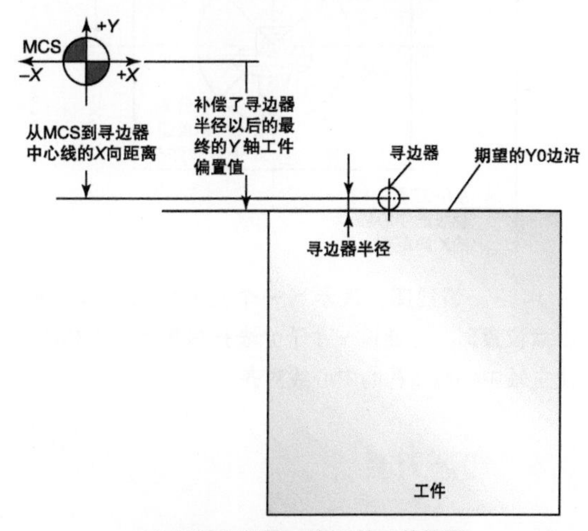

d）后侧边沿是工件Y0的工件偏置

图7-11 当确定工件偏置值时，用MCS原点加上或减去寻边器半径来补偿寻边器半径

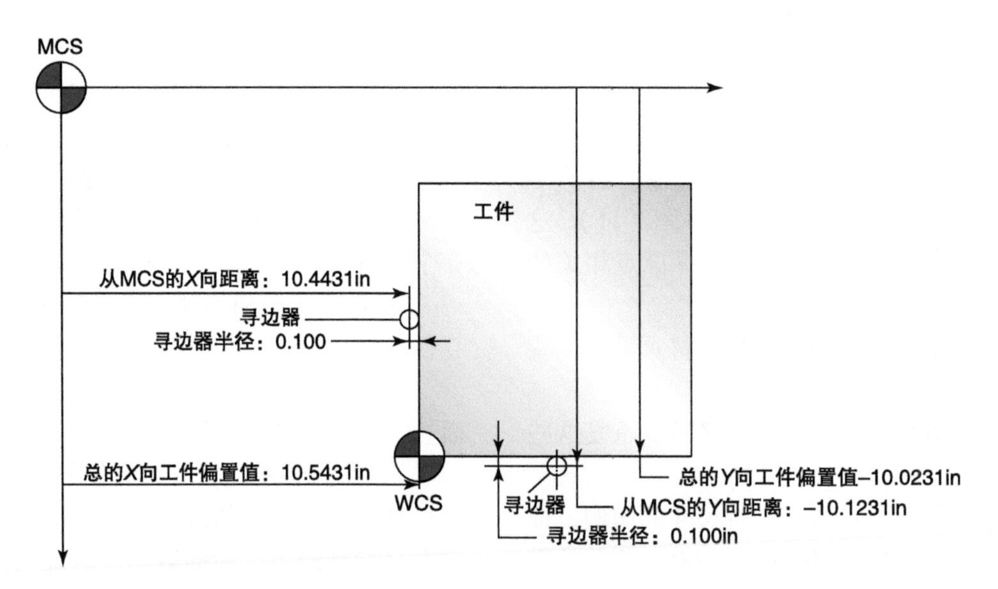

图 7-12　一个带尺寸的示例，一个原点在前左角的工件上工件偏置值的推导

已经和特征的中心线对齐了。

⑥ 通过查看屏幕上显示的 MCS 位置页，记录当前机床的 *X* 轴和 *Y* 轴位置。

⑦ 在工件偏置页里输入偏置值。

图 7-13 所示为当期望的零件原点是孔的中心时的工件偏置。

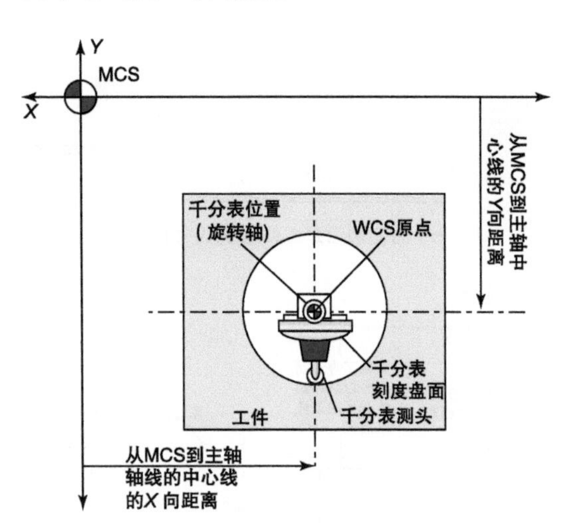

图 7-13　俯视图，表示当一个孔的中心用作工件原点位置时，可通过一个千分表扫掠来找到孔中心，使主轴中心线和孔的中心线对齐

7.6　切削刀具

7.6.1　切削刀具的安装

切削刀具的类型和刀夹的样式已经详细地在第 5 章讨论了，下面是在除缩套样式刀夹以外的所有形式的刀夹上安装刀具的典型步骤：

① 把刀夹安装在一个合适的台式刀夹虎钳上。

② 清理并检查刀夹刀具安装端的碎片、缺陷和变形。

③ 清理并检查刀具切削刃的缺陷，必要时更换刀具。

④ 清理并检查刀具的柄或孔的缺陷。

⑤ 如果使用一个筒夹卡盘，把刀柄滑进筒夹并手动装配刀具组件。

⑥ 拧紧所有的机械紧固件，固定刀具，切削液管路或喷嘴要指向每个刀具的切削区域。要特别注意确保切削液的喷嘴不会和换刀装置、零件特征或工件夹持装置发生干涉，并确保每一个操作和每一把刀具在整个操作过程中都能有足够量的精确对准的切削液。

7.6.2　切削刀具的偏置类型

因为每一把刀具的长度都不同，因此必须为其设定刀具高度偏置值。高度偏置设置使每一把刀具都从它的尖端开始编程而不考虑其长度。一旦刀具测量值确定，刀具偏置值就被存储在机床的几何偏置页。在自动刀具半径补偿中使用的切削刀具的半径值也可以输入这一页。

随着刀具上切削刃的磨损，刀具的长度会变得稍微短一些，刀具的直径也随着刀具的磨损轻微减小。在生产过程中，用一个磨损偏置值补偿和调整刀具使用过程中的磨损。

确定和设置刀具的几何高度偏置必须在工件坐标系建立以后完成，零件的顶面（Z0）作为参考，用于测量刀具长度。刀具长度是从刀夹上的锥面标线开始到刀尖的距离（见图 7-14）。

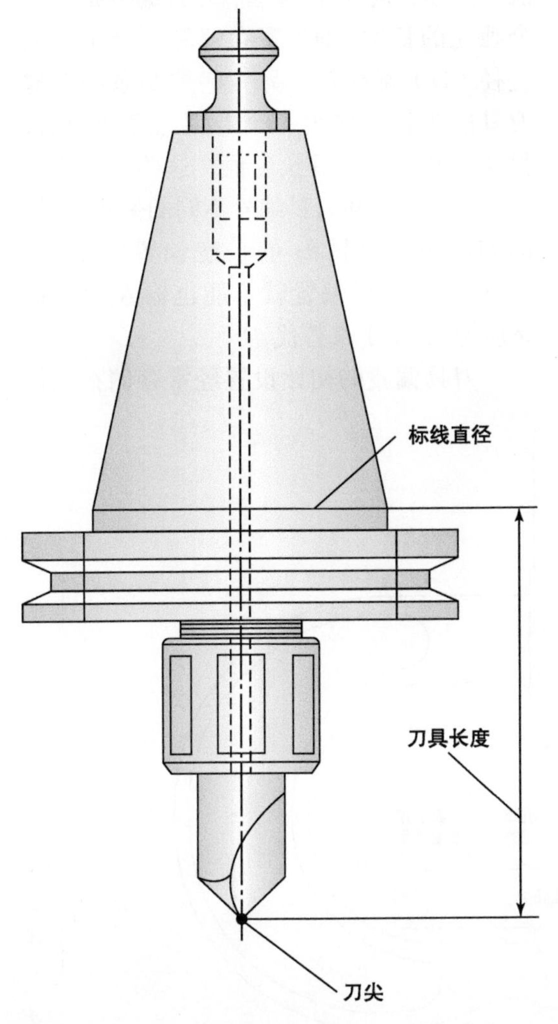

图 7-14　刀具长度是从刀夹锥面上的标线到刀尖的距离

1. 刀具几何偏置

图 7-15 所示为描述刀具偏移尺寸的图片，不同的机床制造商使用很多的方法来设定刀具长度偏置。下面是一个常用来设定刀具长度偏置的方法示例：

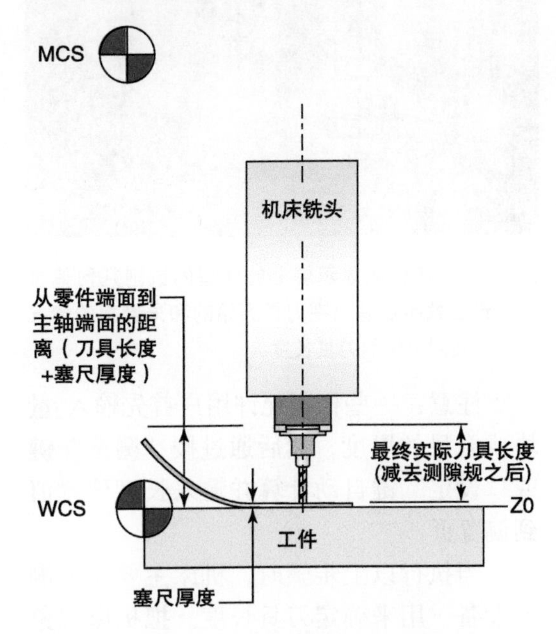

图 7-15　一台 VMC 的 Z 轴可用于测量刀具长度。长度偏置值可用一个塞尺使刀尖不接触 Z0 表面，然后再减去塞尺的厚度得到。目的是确定“最终实际刀具长度”

① 安装零件并端铣顶面，确保有一个光滑并且平整的参考表面。

② 工件偏置值必须精确地设定，把工件的顶面作为 Z0 表面。

③ 把期望的刀具装夹到主轴上。

④ 点动 *Z* 轴，把刀尖移到靠近零件的 Z0 表面。

⑤ 点动速度减到 0.001in 的增量并小心地用 *Z* 轴移动刀尖使其距零件表面更近。用一片衬垫或一个量块作为测隙仪器，使刀尖和工件的 Z0 表面之间有一个轻微的拖拽。

⑥ 当刀具移开时，记录机床位置寄存器上显示的 *Z* 轴的绝对位置。

⑦ 用记录的位置减去测隙仪器的厚度，得到从主轴端面（标线）到刀尖的刀具长

度测量结果，将这个值输入刀具长度几何偏置页。图 7-16 所示为一个几何偏置页。

```
OFFSET / GEOMETRY                        O0020 N0340
  NO.      DATA          NO.       DATA
G 001     3.7894       G 009     5.2220
G 002     8.7570       G 010     3.4470
G 003     4.6930       G 011     4.1330
G 004     5.4870       G 012     4.6398
G_005     5.5100       G 013     4.6256
G 006     5.3880       G 014     4.2635
G 007     6.0820       G 015     5.7910
G 008     4.5632       G 016     6.1477
ACTUAL POSITION (RELATIVE)
     X    0.0000            Y    0.0000
     Z    0.0000
NO.  005 -                  S     0 T
 16:59:12                HNDL
( WEAR )(MACRO )( MENU )( WORK )(        )
```

图 7-16 在机床显示屏上的典型的铣削几何偏置页。这些数字反映出在刀具原始的和未磨损的情况下从标线到刀尖的刀具长度

注意：一些机床允许用户首先输入 量块或塞尺的厚度，然后通过按“测量”键或“设定”键自动计算并输入长度偏置值到偏置页。

当执行以上步骤时，机床主要作为测量设备，用来确定刀具长度。把机床想象成图 7-17 所示的千分尺，工件的 Z0 表面代表一把千分尺的测砧。因为机床的主轴端面截止在刀夹锥度标线处，主轴端面和零件表面的间隙就是测量结果。在刀具设定的情况下，间隙由刀具长度加上衬垫获得，WCS 的位置由机床的位置显示（数显读数器）提供，刀具长度由 WCS 位置减去衬垫厚度得到。

当使用自动刀具补偿时，必须将刀具半径输入几何页的正确位置，这个值的重要性是允许机床在自动刀具半径补偿过程中补偿刀具半径。除非刀具补偿是由 G41 或 G42 指令激活的，否则输入的半径值会被忽略掉。有些控制系统中，在刀具偏置页有一个专用的位置存放某一刀号的半径值。例如，对应于每一个刀具编号都有一个独立的长度（H）寄存器和一个半径或直径（D）寄存器。另一些控制系统存储刀具的半径值作为一个专用的几何设置，很像存储一个刀具长度值。这些控制系统需要使用一个和刀具编号不同的偏置编号。例如，如果刀具 #1 的长度偏置使用 #1，刀具 #1 的半径偏置就不能也输入 #1，而是应输入 #101 来替代 #1。

刀具偏置的初始设置经常存储在几何

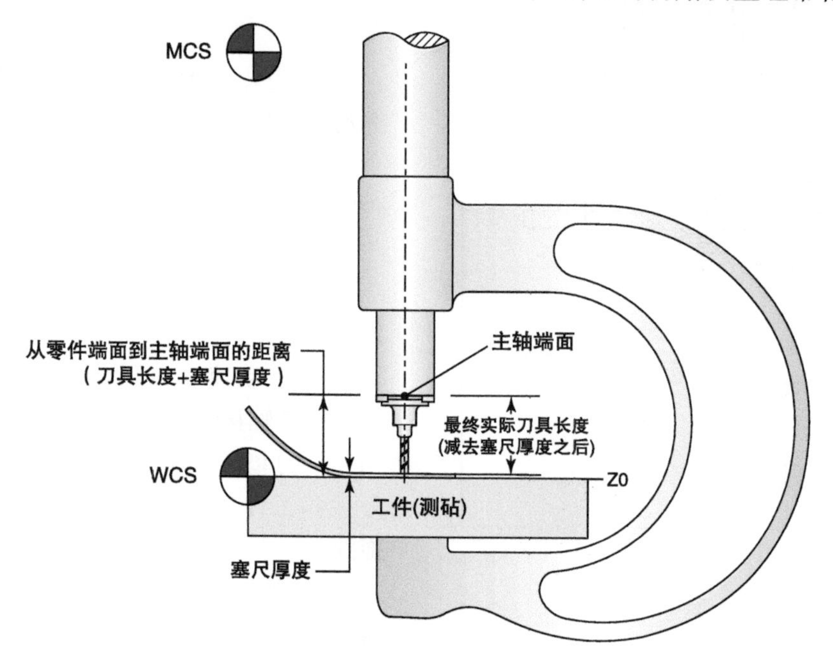

图 7-17 用一台 VMC 的 Z 轴测量刀具长度的方式类似于用一把千分尺测量的方式

页，这些数值反映它在原始的和未磨损的情况下的真实长度和半径。在刀具设定以后，首件通常是首次运行程序生成的，然后立即检查零件，并且如果有必要会进行一些调整来纠正几何偏置。这里有一个假设的示例，关于怎样进行刀具长度几何偏置的调整：

① 生产出首件并检查。

② 测量结果显示用这把给定的刀具加工后所有的深度值都增加 0.001in（比名义目标深度更深了）。

③ 打开几何偏置页，当前的刀具几何偏置值是 5.1234in。

④ 看起来实际刀具长度比输入的刀具长度更大，因为切削深度的比编程深度大 0.001in，因此必须给这把刀具加上总的几何偏置值，加上 0.001in，使其实际正确高度偏置值为 5.1244in。

⑤ 将新偏置值完整输入几何偏置页。

⑥ 加工下一个零件并验证修正措施。

2. 刀具磨损偏置

磨损偏置用于一把给定的刀具已经令人满意地生产了一段时间零件之后，需要对其尺寸进行调整的情况。刀具磨损或机床的热变化（从车间和机床铁的温度引起的膨胀或收缩）可能会引起刀具尺寸变化。如果在生产过程中因为这些原因中的一个导致刀具尺寸开始变化，调整值不应该输入几何偏置页，而是应该输入磨损偏置页（它通常看起来和几何偏置页很相似）。图 7-18 所示为一个典型的在机床显示屏上的磨损偏置页。在设定好初始的几何偏置后，在开始加工之前，相应的磨损偏置值必须设为零，这就允许在任何调整之前从一个零基准开始。当使用刀片式的切削刀具时，允许通过简单地回程至零值来回程至初始刀具设置，从而可以容易地更换刀片。任意输入磨损偏置页的值都是以零磨损为基准的增量调整值。调整可以是刀具长度调整或刀具半径调整。

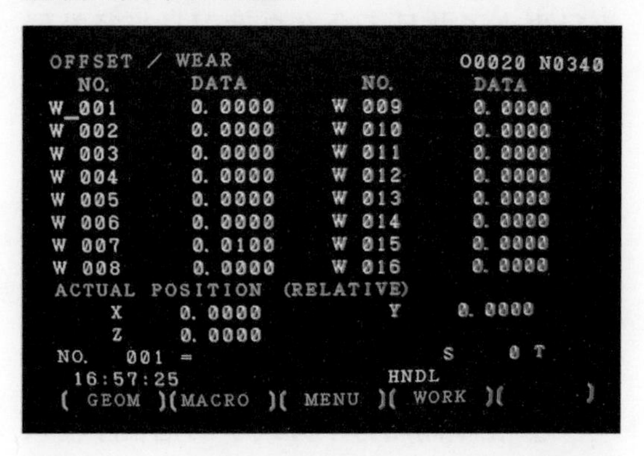

图 7-18　一个典型的在机床显示屏上的铣削磨损偏置页，要输入的磨损偏置值是一个以零刀具长度磨损为基准的增量调整值

这里有一个假设性的示例，如果一把立铣刀的高度偏置值需要调整，调整步骤如下：

① 对一个不太令人满意的零件进行检查，检查结果显示用一把给定的刀具加工后所有的深度都变浅 0.001in（比名义上的目标尺寸要短）。

② 打开磨损偏置页，显示的磨损偏置值仍然为零基准设置。

③ 在该刀具的磨损偏置页输入一个 –0.001in 值后显示，MCU 结合这个磨损偏置值和刀具的几何偏置值，并从磨损刀具的整体的刀具长度偏置值 0.001in。

④ 加工下一个零件并验证修正措施。

另外一个假设性的示例，如果一把立铣刀需要半径偏置调整，调整步骤如下：

① 检查不太令人满意的零件的外轮廓，测量结果显示零件所有的长度和宽度尺寸变大 0.001in（比名义目标尺寸更大）。

② 打开磨损偏置页，显示半径偏置的磨损偏置值仍然为零的基准设置。

③ 因为长度和宽度尺寸整体上增加 0.001in（从一个表面到另一个），这意味着刀具在每个表面多留下了 0.0005in 的材料。

④ 在刀具的磨损偏置页输入一个 –0.0005in 的值后显示，这个磨损偏置值和刀具的几何偏置值相加再减去总的刀具

半径偏置值 0.0005in，机床现在知道刀具直径更小了并且不会在自动刀具半径补偿期间偏离那么远，从而得到更小的实际加工尺寸。

⑤ 加工下一个零件并验证修正措施。

7.7 程序入口

可以用以下三种方式中的任意一种将程序输入 MCU：

① 在车间用打字方式手动把程序输入控制器。

② 从一台计算机或可移动存储设备上传程序到存储器。

③ 在程序正在运行时从一台计算机直接把程序送到控制器。

当在车间里手动输入一组程序时，控制端必须是在编辑模式下并给出一个程序编号，然后逐字逐句逐段地输入程序，直到完成。这种方法通常很消耗时间并且很容易出现错误，所以仅用于短程序输入。

上传文件到存储器时，可以通过一根通信电缆连接一台计算机的通信端口到 MCU 的一个端口来完成。一些机床也能从一个可移动存储设备，如 CD、U 盘或存储卡上读取程序。这个方法很常用，因为它极其快，不太可能出错，并且程序可以存储在机床的存储器里，可以在任何时候使用。

有时复杂的程序太大以至于它们不能简单地、完整地被存储在机床控制的存储器里，在这种情况下，程序是从一台计算机给到控制器，随着机床运行程序逐行逐行地传输程序，而实际上并不把程序存储在 MCU 的存储器里，机床的控制器仅仅能容纳它能处理的程序，这种方法称为直接数字控制（DNC），有时也称为滴给式。根据所用机床用不同的方法来完成，最常用的是通过一根通信电缆直接连接到一台计算机上，但是一些机床能从直接嵌入 MCU 的 CD、存储卡或 USB 存储设备接收 DNC。

7.8 机床操作

7.8.1 程序验证

在一台新设置的机床上进行铣削操作是这个过程中一个令人兴奋的时刻，也是一个需要格外小心的时刻。这个阶段中的轻率可能导致机床、刀具和工件的损坏。然而，如果小心练习并且在机床无人看管运行之前已经完成了一次仔细的验证，几乎所有的错误都能被找出来。

在机床没有监管的情况下运行之前，仔细地执行程序，以识别出错误的的方法有多种，如下：

① 图形仿真。

② 空运行。

③ 安全偏置。

这些方法中的任何一个都可用来验证一组程序和设置，以确保生产安全。图形仿真方法是通过在显示屏上观看一个仿真的切削零件的计算机模型来核实刀具路径，这个验证可在下载程序到机床之前用一台有仿真软件的计算机完成，或者在有图形仿真功能的机床 MCU 显示器上完成。图 7-19 所示为在一个显示器上的图形零件仿真。

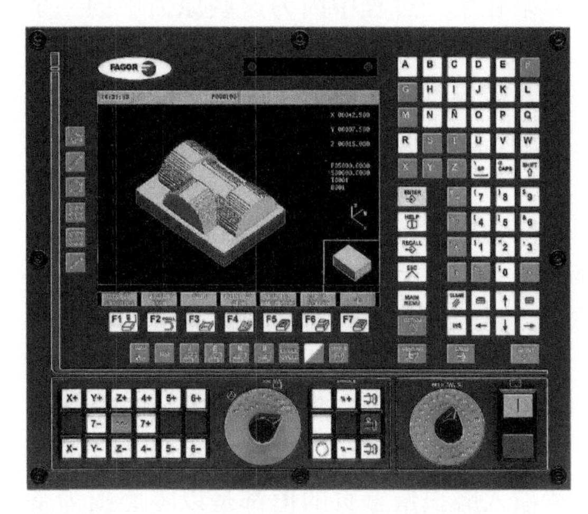

图 7-19 在一个显示器上的图形零件仿真

图形仿真是一种快速解决明显的编程问题的方法，但是不分析实际的机床设置或小的定位错误。空运行是一种更有效的证明方法，并且是在机床上用预先设定的刀具和工件。一般来讲，“空运行”指的是运行一台有缺陷功能的机床，以消除碰撞的可能性，可通过移除刀具、移除工件、使轴不运动或使主轴失去作用来实现。空运行也是典型的不使用切削液的操作，这对可见度有帮助，并可保持工件区域干净。

安全偏置方法与空运行操作很像，因为机床确实是在执行程序，区别是安全偏置法中所有的机床功能都是激活的（一般除了切削液），并且刀具和工件已安装。通过故意将工件的原点设置高于工件一定距离来保证安全性。为了这样做，工件偏置要临时转移到正 Z 轴方向（远离工件）。用这种方法可证明程序，并且在成功完成的基础上，工件偏置逐渐靠近零件。重复这个循环直到认为程序和设置是安全的。

除此之外，还可以通过使机床运动更易管理和令人惊讶的运动可预防性来防止碰撞。这些控制方式是倍率控制和单程序段模式。倍率控制有降低甚至停止程控进给速度和快速移位的功能，大多数机床控制面板都配置了这种可变的倍率控制模式。

单程序段模式下有一次只执行程序的一个程序段的功能。在这种模式下，机床在按下循环启动按钮前不会前进到下一个程序段，这就使得可以在 MCU 屏幕上观察到程序的程序段并且在执行之前核实一下。单程序段模式正常来说是由机床控制面板上的一个开关或按钮来激活的。不管使用哪一种方法来验证，小心是关键。

7.8.2 自动模式

在程序已经仔细地验证以后，不会出现潜在的碰撞问题，机床就可以按照完全的程控进给量、速度和 100% 的快速功能运行。一旦生产性能被证明是令人满意的，机床就可以准备在自动模式下运行。

第8章　计算机辅助设计和计算机辅助制造

- 8.1　概述
- 8.2　CAD软件的应用
- 8.3　CAM软件的应用

8.1　概述

数控机床能够加工非常复杂的零件特征，使加工领域发生了革命性的变化，它们的设计和功能高速持续发展。为了利用这样一台机床的强大潜力，编程技术水平也必须提高。

复杂加工操作的编程思想能压垮一个编程新手，的确，复杂加工操作的编程变得更加困难，但是这种类型的编程可以由一台带有计算机辅助制造（CAM）软件的计算机完成。图 8-1 所示为计算机辅助制造软件程序里的五轴铣削刀具路径，用于对一个复杂几何结构的涡轮叶片进行程序编制和仿真加工。

图 8-1　计算机辅助制造（CAM）软件程序中的一个五轴铣削的刀具路径

CAM 软件的目的是利用一维的计算机化零件图样和为刀具加工路径选择图样上的特征。在定义刀具的轨迹以后，会提示用户选择加工特征所用的速度和进给数据、切削深度、加工模式和其他特性，最后，所有的信息都由计算机创建一个程序。

CAM 软件的应用不仅仅局限于非常复杂的编程，使用这样一个程序包进行基本的二维仿形加工甚至钻孔操作也有很大的益处，甚至最简单的加工工作都能从 CAM 编程的速度和效率中受益很多。

从开始到完成一个程序，CAM 编程包含三个主要的步骤：

① 几何体生成（图样）。

② 刀具路径生成。

③ 后加工（生成机床的程序）。

8.2　CAD 软件的应用

使用 CAM 软件的第一步是用计算机辅助设计（CAD）软件制作一个图样。有时，一个要加工的零件图样或许已经由一位工程师在用 CAD 设计零件时生成了。

8.2.1　几何体类型

1. 线框图

当零件形状的图样只用一条细的轮廓线给出时，看起来好像零件的图样是由细线绘制的框架组成的，这种类型的图样称为线框图。图 8-2 所示为一个线框图示例。线框图可以是二维的（2D）或三维的（3D），取决于图样的需要和应用。这种类型的图样非常常用，因为它简单和容易生成。它们最适合于简单的零件，如零件不需要看起来极其逼真，以及无法投入大量时间来实现更复杂和更形象化的零件表达。

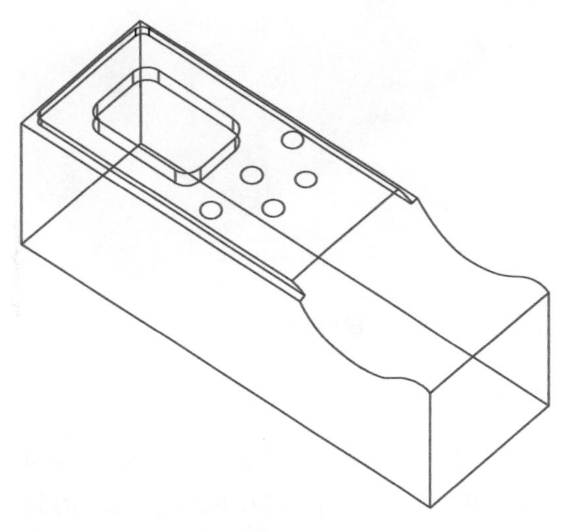

图 8-2　一个线框图示例

表达零件形状轮廓用的单个直线和圆弧称为实体。在很多软件包里，组成图样的全部实体称为几何体。一个 CAD 图样远远不只是一个图片或插图，因为每个实体有确切的位置和长度，在生成时由用户定义。这些位置数据和相应的每一个实体保持关联，并随时作为尺寸参考和以这些实体为基础来构造其他实体。

2. 实体模型

有些 CAD 图样看起来像实际零件的立体图，并且比线框图看起来更逼真，这些图样称为实体模型并且经常被简单地当作“实体”。生成实体的步骤通常是：先生成轮廓的 2D 线框图，然后给出该轮廓的厚度。除了视觉上令人愉悦之外，这样一个数字化零件的实体性质可能是在实体零件的材料方面非常具有代表性。基于这个原因，重要的工程数据都是从一个实体模型图样中收集起来的，这些数据包括质量、重心、体积，以及零件如何和其他零件装配在一起。图 8-3 所示为一个实体模型。

图 8-3 一个实体模型示例

3. 曲面

一些图样既不是线框图也不是实体模型，但是看起来好像 3D 网格，展示的是材料表面位置。在这些表面模型中，地形学（高度变化）和网格线共同用来描述一个表面的 3D 轮廓，像在一个框架上拉伸一块皮肤。这些类型的几何体称为曲面。图 8-4 所示为一个含有曲面的 3D 图样示例。

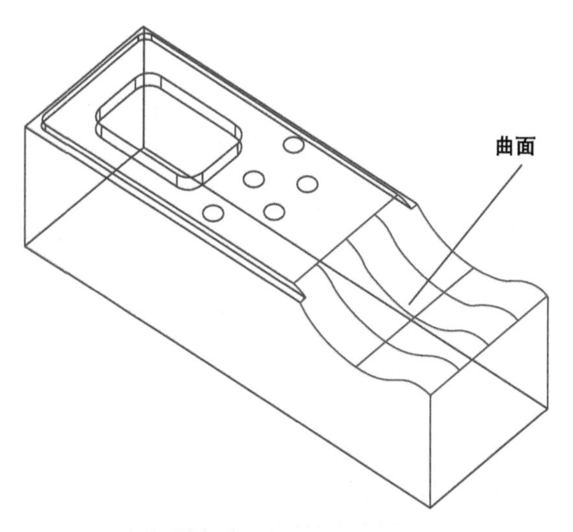

图 8-4 一个含有曲面的 3D 图样示例

8.2.2 软件类型

生成 CAD 图样是计算机辅助制造的第一步，以便它的几何体后来可用于生成加工操作。不是所有的 CAM 软件程序包都要求在独立的 CAD 软件系统中绘制零件。实际上，很多的 CAM 系统是独立的，因为其内部就配置有 CAD 绘图功能。借助于这种类型的软件系统，零件的绘图和编程从开始到结束只用一种软件。

有些程序设计员更喜欢使用独立的 CAD 软件和 CAM 软件，这是因为一些专用的 CAD 软件程序包有更多的功能并且更容易使用。如果是这种情况，完成的 CAD 文件就要输入 CAM 软件里，用于数控编程。很多 CAM 系统有大量的文件转换器，可以接收最常用软件系统的专有文件并把它们转换成 CAM 软件包可以处理的图样。

8.3 CAM 软件的应用

8.3.1 刀具轨迹

图样生成以后，CAM 的下一步是为加工零件而定义刀具轨迹或者刀具遵循的轨迹。铣削刀具轨迹可用于端面铣削、腔体铣削、2D 轮廓铣削、3D 曲面铣削、钻孔、攻螺纹、螺纹铣削、镗孔、旋转轴操作等。

车削刀具轨迹可用于端面车削、粗精轮廓车削、钻孔、车螺纹、攻螺纹、C 轴操作（动力工具）等。

为了生成刀具轨迹，需要选择刀具要遵循的图样实体。线框实体、立体实体和曲面都能用来生成刀具轨迹。通常给操作（如 2D 仿形加工）定义刀具轨迹时，刀具的边界不只是由 CAD 图样上的一个实体定义的。为了无须多次单击鼠标即可选择这些有联系的实体，大多数 CAM 程序包允许使用一些实体链。这种链允许用户通过在一个单一的实体上单击来选择所有与其连接的实体，然后用这个被选中的实体链生成刀具轨迹。图 8-5 所示为一个轮廓链。

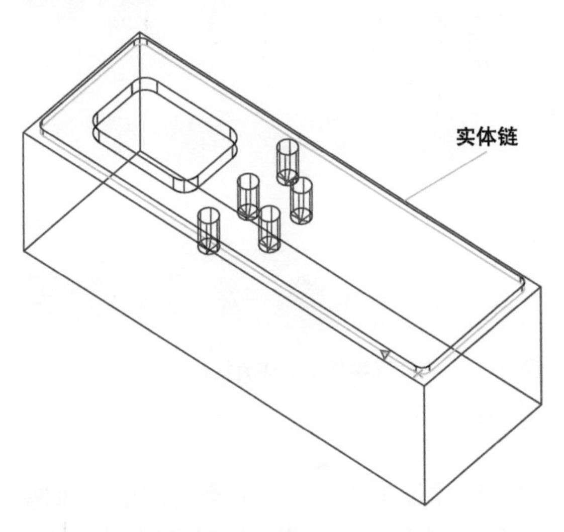

图 8-5　选择所有连在一起的实体后形成一个轮廓实体链，用引线指出

三维刀具轨迹生成要求使用的方法不同于 2D 轮廓链。当在一个 3D 曲面上生成刀具轨迹时，用于驱动刀具轨迹的整个曲面或立体表面都可以在图样上选择。

一个完全定义的刀具轨迹实际上包含的信息不只是刀具的预期轨迹。在选择合适的实体以后，用户被提示输入要使用的切削刀具的类型和尺寸、速度和进给数据、切削深度、粗加工过程类型、精加工过程类型、加工样式、单步执行量等。

1. 二维轮廓铣削刀具轨迹

如前所述，一个二维轮廓铣削刀具轨迹从刀具沿着切削的实体链开始，一旦定义了这个链，程序设计员就可以指定刀具类型、刀具编号、刀具直径偏置编号、速度、进给量、左 / 右刀具补偿、每个粗加工过程的切削深度、总切削深度、加工余量和这个操作的其他重要信息。使用一把尖头刀具雕刻细线、艺术字和字母时可以使用二维轮廓铣削刀具轨迹。然而，完成这些时刀具半径补偿功能通常是关闭的。图 8-6 所示为一个二维轮廓铣削刀具轨迹的屏幕截图，图 8-7 所示为零件上完成二维轮廓。

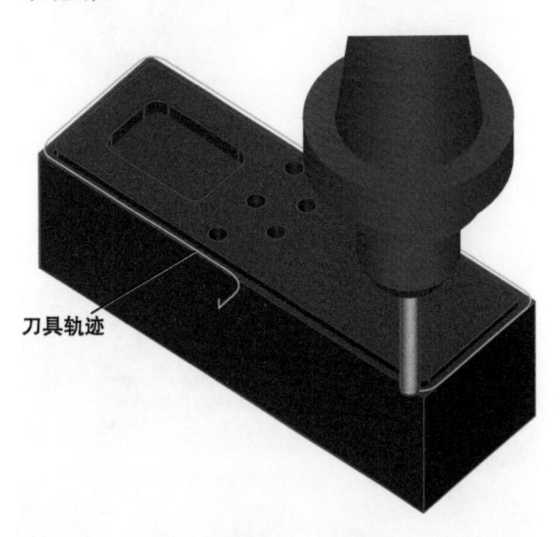

图 8-6　一个二维轮廓铣削刀具轨迹。引线所指的轨迹及圆弧表示立铣刀中心的轨迹

图 8-7　零件上完成二维轮廓

2. 端面铣削刀具轨迹

当生成一个端面铣削刀具轨迹时，材料尺寸可由用户定义（所以软件已经知道了长度和宽度），或零件的外形被连接。一旦可加工的端面铣削区域确定，就必须设定切削数据、切削深度和加工模式。图 8-8 所示为一个端面铣削刀具轨迹的屏幕截图，图 8-9 所示为零件上完成端面铣削。

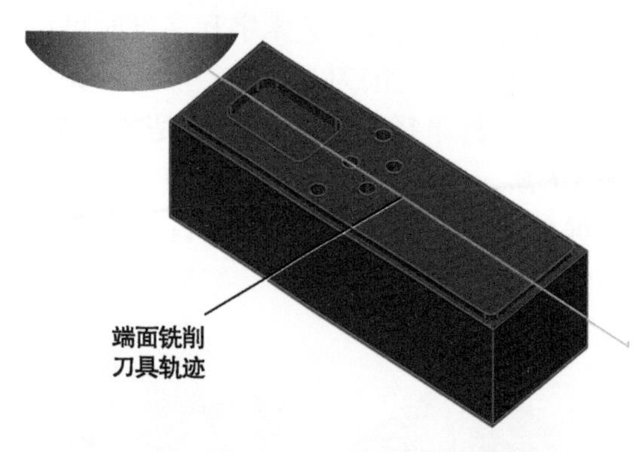

图 8-8　一个端面铣削刀具轨迹。引线所指为立铣刀中心的轨迹

图 8-9　零件上完成端面铣削

3. 铣削中的孔加工刀具轨迹

生成孔加工刀具轨迹，用户需要选择一个孔或多个孔的中心位置作为刀具轨迹实体，然后定义钻孔操作的类型（单程钻孔、断屑式钻孔、啄钻、铰孔、镗孔或攻螺纹），并且必须设定啄增量、总深度、安全平面和刀具数据。通常 CAM 软件会使用固定循环生成钻孔程序。图 8-10 所示为钻孔模式下的钻孔刀具轨迹屏幕截图，图 8-11 所示为在实际零件上完成的钻孔操作。

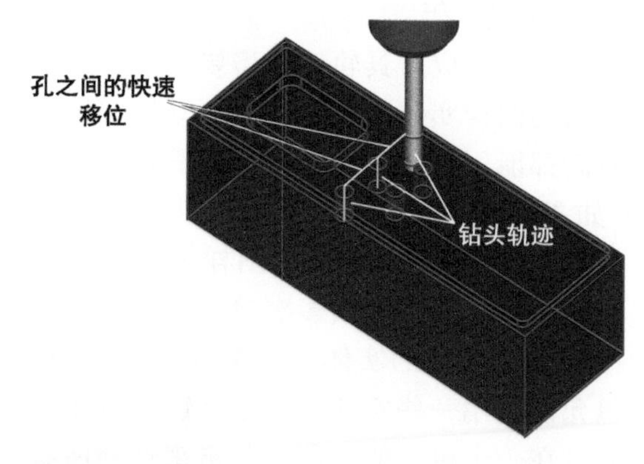

图 8-10　一组钻孔模式下的刀具轨迹

图 8-11　在实际零件上完成的钻孔操作

4. 腔体加工刀具轨迹

腔体加工要求选择一个封闭的实体链作为切削刀具的边界。在这个边界以内，不管什么样的材料都被切除到一个指定的深度。定义刀具，输入切削参数的数据、粗加工的样式（曲折的、螺旋的等）、切削深度、单步执行量、加工余量和其他数据。图 8-12 所示为腔体加工刀具轨迹的屏幕截图，图 8-13 所示为零件上完成腔体加工。

5. 轮廓车削刀具轨迹

通常，车床操作是手动编程的，不使用 CAM 软件自动编程。然而，CAM 有时也用来编程有复杂仿形加工操作的车削零件。仿形车削刀具轨迹的生成与很像仿形铣削刀具轨迹的生成，并且要求链接零件的外形，在选择了链接以后，所有必需的切削参数都定义了。图 8-14 所示为 CAM 仿形车削的刀具轨迹屏幕截图。图 8-15 所示为完成仿形车削后的零件。

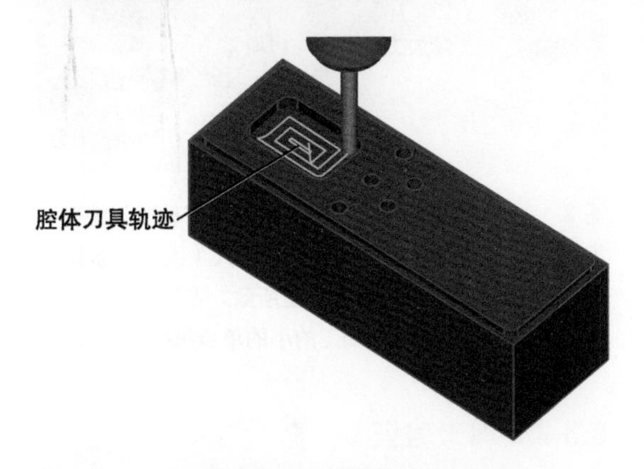

图 8-12　一个腔体加工刀具轨迹

图 8-13　零件上完成腔体加工

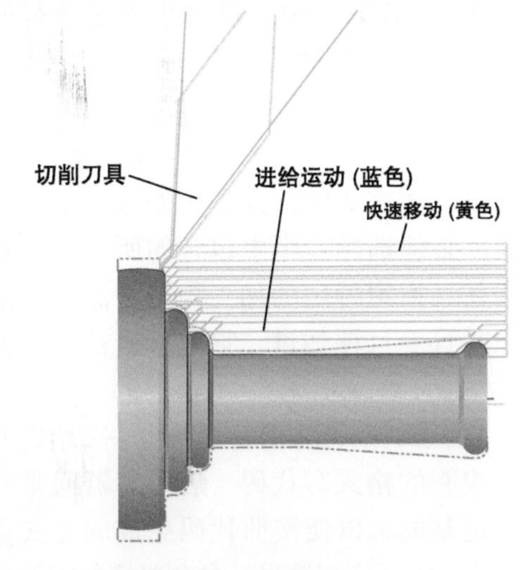

图 8-14　仿形车削的刀具轨迹

图 8-15　完成仿形车削后的零件

6. 三维铣削刀具轨迹

三维曲面铣削是真正展示 CAM 软件潜能的一个加工功能，没有 CAM 软件，所有的不包括最简单的曲面刀具轨迹几乎都是不可能的。使用曲面刀具轨迹时，用户不用定义一个链接，但是通过曲面或实体表面来引导不断变化的刀具深度边界。图 8-16 所示为一个曲面铣削刀具轨迹。图 8-17 所示为零件上完成的曲面铣削部位。

图 8-16　一个曲面铣削刀具轨迹

因为球头铣刀主要用于雕刻曲面轮廓，三维曲面加工与其他类型的端铣法有本质上的区别。由于采用类似“雕刻”的材料去除方法，刀具必须沿曲面连续的切削，每次切削都会切入一点未切削的材料。球头铣刀的球端允许近似切削曲面轮廓的形状，但不用切削得相当光滑。球头铣刀圆形端部在单步循环之间的工件表面上留下的小峰称为尖顶，采用这种类型的加工操作时，经常要权衡球头铣刀生成的尖顶高度和操作的循环时间，单步执行量小会增加加工时间，因为需要更多的步数。为了改善因残余的尖顶高度导致的表面粗糙程度，用户也可以在精加工过程中改用一种不同的模式方向。对带有 3D 曲面的零件，一旦零件从机床上移开，通常希望用抛光的操作去除需要去除的尖顶。图 8-18 所示为由曲面铣削生成的尖顶高度。图 8-19 所示为经过粗加工和精加工曲面铣削后零件上残留的尖顶。

图 8-17　零件上完成的曲面铣削部位

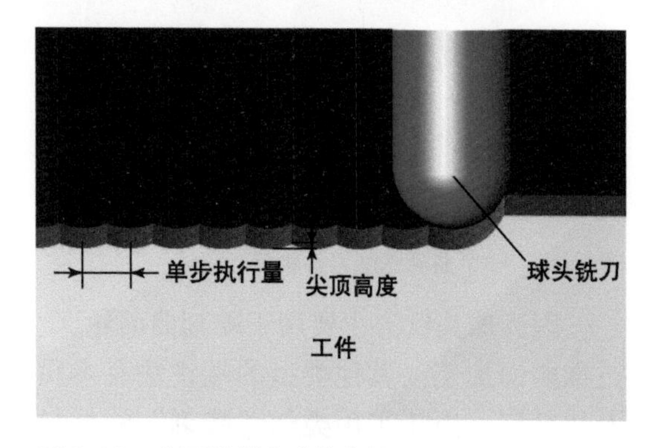

图 8-18　曲面铣削生成的尖顶

图 8-19　一个完成曲面铣削的零件，带有球头铣刀单步执行剩余的尖顶。右边的尖顶较大（大的单步执行量），粗加工的大的单步执行量所致。左边的尖顶较小（小的单步执行量），精加工的小的单步执行量所致

8.3.2　加工验证 / 仿真

在确定所有的刀具轨迹操作细节之后，程序设计员还需要验证所有的加工细节都已经正确地定义并且刀具会按预期的设计运转。为此，CAM 软件公司给他们的软件配置了验证功能，允许在屏幕上模拟加工循环。如果识别出一个错误或碰撞，修正错误后再次模拟刀具轨迹。更复杂的软件系统的仿真功能甚至可以实现循环加工时间的精确预测、非常敏感的碰撞检测，以及使其他指示器确认更逼真。

8.3.3　后处理

在 CAM 编程中最后的步骤是获得所有已定义的刀具轨迹的数据并允许 CAM 软件生成一组数控程序，这个步骤称为后处理，因为它是在 CAM 成功地生成加工过程以后才完成的。为了后处理一个加工操作，必须选择程序中包含的所有的刀具轨迹并且指定特定的加工控制，然后生成程序并且一旦评估过，它就可以被用户保存，稍后上传到机床。

* 注意：后处理器特别地为一个给定的机床控制的格式写代码。后处理器通常是用户定制的，以便按照代码生成的方式进行调整，以适应程序设计员和机床的需要。